用腦品酒

葡萄酒「品」什麼？
頂尖侍酒師精心設計，給飲者的感官基礎必修課，
由外而內整合你的「品飲腦」！

中本聰文、石田博——著
陳匡民——譯

積木文化

寫在前面
《侍酒師》雜誌連載升級版

石田 之所以會有這本書，是因為希望將曾在《侍酒師》雜誌第 126 期起（2012 年 5 月）到第 135 期（2013 年 11 月）的「品酒的基礎」專欄，集結成冊。

中本 其實當初接到《侍酒師》雜誌這個連載邀約時，我就認為這對我自己來說，也是一個能夠再次複習品酒基礎、重新整理所學的大好機會。也特別考量到，希望這些連載的內容，能在一些沒有品酒學校的地區、或是對那些在職場環境中沒有上司或前輩可以指導品酒的會員來說，能有所助益。

石田 因此也非常感謝中本先生，能在這樣的考量下，幫我們嚴選出品嚐酒款。

中本 抱著這樣的想法，實際上我也在每次依雜誌主題進行品嚐的過程當中，察覺到很多自以為是的經驗；又或者，其實是不求甚解的部分。因此，這對我來說，也是非常寶貴的經驗。

石田 這點我也完全同感。另外，為了將連載內容集結成冊，也順應雜誌篇幅和單行本的不同形式，而將連載原稿做了大幅更動，並且為了幫助讀者理解，也增添了許多連載時沒有的圖表。

中本 所以從這個角度，我可以很自豪地說，這本書完全是比當初的連載更升級的版本。也希望這樣的一本書，能夠成為各位在進行品酒練習時的一位教練。

石田 為了更提升練習的效果，建議大家在讀這本書時，以釐清思緒作為目標。希望能夠藉著參照書中的文字和圖表，來啟動各位的感官、經驗和知識，最終能將這些要素都理順釐清。

中本 在這本書中，我們解釋了外觀、香氣、口感這幾個基礎元素。因為如果不能掌握這些基礎，不只很難釐清思緒，更遑論提升品嚐能力。因此不管是初學者，或是對品酒已經頗有自信，我們都希望大家能透過閱讀這本書，讓自己的品酒能力更上一層樓。

石田 也希望大家能透過閱讀這本書，從而對葡萄酒做出更好的判斷，並且能將自己的想法適切地透過語言表達出來。那麼，就讓我們和各位在這十個章節之後再會！

編注：本書部分香氣分類或描述語句，皆屬作者觀點與經驗分享，可能與臺灣主流教學系統略為不同。

目次

香氣

口感

第 **10** 章 如何分析餘韻

餘韻＝葡萄酒的最終評價
掌握葡萄酒的立體架構
用能吸引聽者的關鍵字，傳達葡萄酒魅力
餘韻，是傳遞葡萄酒價值的終點
再次從頭到尾，完整評價一款酒

＊部分品飲酒款年份可能和照片酒款年份有出入

第 1 章

品酒的目標和
七個準備

設定主題

保持警醒

準備技術資料

建立品酒目標的目的

提升品酒能力，其實可以帶來以下五個好處：

① 提升感受性和感覺的敏銳度
② 理解葡萄酒的多元性
③ 有助於分析、記憶葡萄酒
④ 理解葡萄酒的個性和特徵
⑤ 建構用言語表達感覺的能力

希望大家在進行品酒練習時，也能將這些目標放在心上。因為如果能培養出這些能力，就更能分類、整理無數的酒款，同時理解這些酒。並且在達成這些目標後，更進一步地因為自身所培養出的正確品酒能力產生自信，最終對客人說明時更具說服力。如此一來，客人也能認同自己的專業、產生更多信賴，最終成為一位擁有更多客群的侍酒師或葡萄酒從業人員。

此外，本書的主題「培養大腦的分析和判斷能力」，其實不只是人類的一種寶貴能力，這種提升自身感覺和敏銳度、並且將所見所感用語言表現出來的能力，其實還能活用在品酒以外的日常生活和工作等其他各種場面。

因此，接下來就要介紹，關於品酒的各種注意事項和事前準備。

品酒的準備 ①
設定主題

　　如果只是準備幾瓶酒去漫無目的地品嚐，就算品嚐的次數再多，也無法達成預設的目標。如果想要真正有效地盡快達成目標，就必須以正確的方式去努力。

　　因此，準備工作相當重要。首先，讓我們從「設定主題」開始。無論只是個人的品酒練習，或是和同伴們一起進行，設定主題都非常重要。特別是和品酒同好們舉辦定期練習時，如果沒有預先設定明確的主題，很容易就會受當下氛圍的影響，最終變成只是喝開心的品酒聚會。

　　為了避免這樣的情況發生，預先設定主題、並且讓所有參加者都瞭解這一點、因而能有共同目標，同時準備一個能讓大家專注品酒的環境就相當重要。

　　參加品酒會的時候，也應該為自己設定一些目標，不管是「希望能盡可能選擇 CP 值相對高的酒款」、又或者「想要瞭解 2014 年的年份表現」，總之，如果不像這樣帶有強烈的目的性來進行品酒，也很難精進品酒能力。

　　該選哪些酒來進行品嚐，最終也會在清楚設定主題之後，自然得出答案。

　　比方如果是想要專注在「外觀」的訓練那該選哪些酒、如果是想訓練香氣又該選哪些酒、想要加強口感練習的話又需要選那些酒等。隨著品酒練習的主題是外觀、香氣或口感，不同的主題也會需要選擇不同的酒。

接著，只要能界定品嚐練習的範圍（想要加強的部分），自然也就能決定酒款的品牌和價格帶了。

換言之，確立主題，從中找出符合需求酒款的過程，就已經算是品酒練習的第一步。衷心希望本書中所列舉的主題和相應的酒款，也能供各位參考。

總之，進行品酒練習切忌漫無目的。重要的是，必須清楚劃分「練習」和「只是喝酒」的那條界線。或許有人會認為「為了鍛鍊審美觀，必須要喝高級酒」，但是對品酒練習來說，這並不成立。只是去參加那些有著令人垂涎名酒羅列的品酒會，也無法鍛鍊品酒必須的能力。

那麼，對品酒練習來說非常重要的，其實是要有意識地去刻意強化特定能力。就像是如果要進行腹肌訓練，當然也會一邊觀察腹肌一邊進行。

因此在選酒的時候，也必須特別針對希望強化的能力做出適切的選擇。理論上，由自己以外的人來選酒是更理想的，這些人的角色，可能就像是健身房或各種運動教練那樣，如果身邊沒有合適的人選，也可以和一起練習的友人們輪流擔任這個角色。即便不是採取盲品的形式，在已知酒廠、品名的條件下仍然都能有很好的效果。

接著，就要看各位如何界定，自己想透過品酒練習提升的是哪些能力。

你可能會想，「那不就是很單純地，判斷外觀、香氣和口感的能力嗎？」，或者也可能是配合初級、中級、高級的不同層次，但是我想從不同的角度再來整理一下。

就讓我們來簡要地說明一番。

1　盡量在「累積經驗」和「釐清邏輯」間達到均衡

透過品酒練習，希望能一方面達到累積經驗、盡可能儲存更多的記憶和紀錄，另一方面，也可能是鍛鍊邏輯思考，循序漸進，依線索得出結論進行評析，或者也可能是想強化反向思考。無論如何，在品酒過程中，即便只是單純的「是否意識到自己在做的是經驗累積或釐清邏輯」，都能對最終練習的成效，造成莫大的差異。

2　品嚐酒款，不是數量愈多就愈好

選酒的時候，必須要能掌握各方面的差異，如生產國、產地、氣候、海拔、葡萄園、釀造和熟成等。所品嚐的酒款，是否是在事前準備階段就經過邏輯思考，才審慎精挑細選出的酒，也會帶來截然不同的品評成效和最終結果。

3　「比較性品嚐」非常重要

承上，透過同一個品種，選擇能嚐出產國、產區、氣候風土、釀造和熟成等差異性的酒款來一起比較，也至關重要。

4　務必準備相關技術資料

就算是備有許多不同的品種酒，想要藉此來理解個別品種特徵時，除了產地是涼爽或溫暖，本就能造成葡萄的不同成熟度外，還必須考量釀造和熟成上可能有的明顯差異。因此，必須事先準備好記載有詳細「酒款釀造和熟成」的技術背景資料。

5　也能比較同一生產者在不同國家所產的酒

就算產地不同，但因為仍是依循同一思想體系打造，因此那些由氣候風土差異造成的變化，反而能被突顯。這會是相當有意思的品酒經驗。

　　對於肩負選酒任務的各位來說，本書的主題和所選酒款應該也能作為參考，當然，實務操作上還有更多的可能性。不過，如果只是被動接受酒杯裡的樣品，怕是不能對品酒練習的效果有太大期待，因此希望各位務必從準備階段就開始全心投入。為提升品酒練習的效果，希望各位能將準備工作也當作一個重要的步驟來看待。

品酒的準備 ②
保持警醒

　　鑒於每一個人的狀況不同，或許有人只能獨自持續進行品酒練習。但如果是為了提升成效，那麼我強烈建議，最好是能眾人一起練習，尤其若是能在精神稍微緊繃的狀態下執行，絕對會比個人單獨練習更有效。

　　如果長期都是獨自進行練習，難免會只按自己的感覺得出結論；但是和眾人一起品評同一款酒，然後依序各自發表意見，就能避免這種狀況。如此一來，當聽到大家對同一款酒，有的人認為澀感很重，有的人卻可能持相反意見，這時候就能很有效地學習到，該如何校準自己和他人的感覺差異。

　　此外，為了避免錯誤地分析和解釋一款酒，和他人進行意見交流也非常重要。因為唯有透過這個過程，才能掌握修正自身感覺的契機，也才能補足自身知識上的不足。若想更進一步提升練習成效，不妨在熟識的友人或前輩以外的人面前進行，也就是讓自己在略感緊張的狀態下進行。透過這種方式，往往能很好地鍛鍊自己。

　　與其在一片和睦、友善氣氛下進行品酒練習，不如在略感壓

力、握著酒杯的手都微微出汗的情況之下，更能達到絕佳的訓練成效。因為人在緊張時感官會更敏銳，如果受到嚴厲的指責，恰好是我們修正自己的絕好機會。因為我們希望能盡快修正和他人之間的感官差異、既定概念，以及在發言和思想上的矛盾等，因此不需要有太多顧慮或不必要的自尊，應該盡可能朝自我成長的方向加緊油門。

　　也有一些雖然是眾人一起，但卻是各自默不作聲地進行品酒練習，這種更像是土法煉鋼的方式，實際上只能培養出不該有的感覺。像是「這酒好棒喔」、「好輕柔喔」，或是「有種怪怪的香氣耶」之類的說法，這種只用到下意識脫口而出的想法的品酒會，其實無法培養出具分析性的品酒能力。

品酒的準備 ③
葡萄酒的順序和溫度

　　雖然一般認為的基本品飲順序，是從白到紅、從年輕到老、從清淡到濃郁，但實際上卻也不一定如此。

　　比方在布根地，就習慣將紅酒的品嚐排在白酒前面，這是由於布根地不乏濃郁、厚重的白酒，黑皮諾紅酒相形之下反而顯得纖細，因而養成此一習俗。也有普羅旺斯的生產者，會把自家的粉紅酒放在白酒和紅酒後品嚐，那是因為這家生產者的粉紅酒其實具有長期陳年潛力，因此希望透過這種安排，讓品飲者更注意到酒的複雜度。另外，像近年在波爾多，也常見把老年份安排在前面，新年份安排在後面品嚐的例子。因為如果想要更好地理解釀酒工藝的變

化和發展，這樣的安排或許會更有效。

　　事實上，品飲的順序，可以隨著品酒訓練的目的和想法而有更多彈性，建議大家嘗試不同的安排。

　　至於品飲溫度，標準是在和生產者一樣的環境下品嚐。由於國外生產者的酒窖溫度大多在 13、14℃左右，酒倒出來之後會升溫到大約 15~16℃，亦即不論是紅酒或白酒，如果能控制在 13~16℃左右，應該都屬於合適的品飲溫度。另外，像香檳區的酒窖溫度，一般可能在 10℃左右，因此就是這類酒款的理想品嚐溫度。

　　當然，如果特別要檢驗「哪一種溫度範圍才最合適」，又或者想特別關注「酒款的複雜度」等特定表現時，當然都可以調整品飲溫度，以達到最佳訓練效果。

　　特別值得注意的是，關於溫度的維持和檢測，應該不只是在品酒活動一開始的時候，而是要在活動中隨時留意溫度變化。因為隨著溫度變化，對香氣的感知也會不同，而這些都是可以留意的實用資訊。

　　另外，到底應該在開瓶多久之後開始品飲？由於對侍酒師而言，從開瓶的那一刻起，所產生的一切變化，應該都是侍酒師希望掌握的範圍，因此建議大家不需要等到酒的風味完全開放，而是應該從一開瓶的階段就展開品飲練習。

品酒的準備 ④
準備技術背景資料

　　建議大家在進行品酒時，一定要準備酒款的相關技術背景資

料。所謂的技術背景資料，指的是葡萄酒進口商通常會提供、或者網路上也經常能找到的，關於一款酒的葡萄收成狀況、釀造工法以及相關數據等資料，愈詳細愈好。

技術背景資料最好能具備下列資訊：葡萄園（地勢、海拔、土壤構成）、葡萄品種（組成比例）、種植（剪枝方式、每公頃種植密度、單位產量、是否屬於生物動力農法）、採收方式（屬於手工還是機械採收）、釀造（所使用的發酵容器、是否經乳酸發酵、是否使用其他特殊技術）、培養（期間、所使用的容器素材、裝瓶時間）、殘糖量、總酸量、酒精濃度、二氧化硫、酸鹼值，以及年份資訊（收成期的氣候）等。

像這樣載有以上各項詳細資訊的技術背景資料，是提升品酒能力的絕佳武器，當然，葡萄酒的價格也是非常重要的判斷標準，因此也屬於必要資訊。所以，不論品酒練習是否屬於盲品，以上都是必備資訊。如果不是盲品，那麼會建議先詳細讀完背景資料再開始品酒；如果採盲品方式，也務必在結束品酒後確認各項相關資訊。

因為唯有從相關的背景資料，才能確認品酒過程中所做的假設是否正確，例如「這種顏色應該是泡皮的關係」或「這種香氣應該來自和酒渣一起浸泡」或者「以為是有美國橡木桶的香氣，但其實酒是經法國橡木桶培養」等。

一邊讀技術背景資料一邊品酒，才能讓大腦動起來，對感官所得的線索加以分析。雖然一般常會以為，品酒是一種只用感官進行的活動，實際上相較於感官，品酒更需要的是動腦，因此在品酒過程中，頻繁地驅使大腦和感官一起活動異常重要，這也是本書的重點。

品酒的準備⑤
提升品酒效果的照明和室溫

對侍酒師來說，瞭解不同品嚐環境對一款酒的外觀、香氣和口感帶來怎樣不同的表現，特別重要。

尤其是光源，很建議大家應該從平常就開始注意。當光源是白熾燈泡、螢光燈或 LED 燈，都能讓人對酒的外觀有不同的感受。大家不妨用同一款酒試著感受一下，當外觀看來不同時，還會對哪些方面造成不同的影響？

一般而言，最理想的品酒光源是自然光，但是我們很難為了這個條件，就都在戶外舉行品酒活動。因此，理解到自己所屬的環境，和一般所謂的標準品酒環境間的差異就很重要。由於一款紅酒可能在室內的燈光下略有紫色，顯得年輕，但是一換到室外，卻成了顯得成熟的黃褐色。也可能會碰到像飯店宴會廳那樣華麗的燈光，能讓任何酒看起來都閃閃動人，因此必須特別留意。

香氣也是如此。特別是在提供龐大酒款數量的品酒會場，一款酒可能聞起來只讓人覺得「香氣還蠻單純的」，然而一旦改變環境，同一款酒卻有可能像是突然增添了深度，甚至讓人覺得「咦，怎麼會這樣」。舉例來說，在狹隘的空間品酒時，往往更容易感覺酒款濃縮；當在寬闊的空間品酒時，對同一款酒就較不容易感到同等的濃縮度。像這類因外在環境差異所導致的感官敏銳度或專注力的不同，也應該在日常訓練中盡可能多累積經驗值。

再來是品酒時的室溫。儘管一般餐廳空調大多設定在 23.5~24℃左右，但是對品酒來說，這個溫度就略高了，因此微感涼意的溫

度，反而較能集中精神。

　　當然，要有在各方面都符合標準的品酒環境並不容易，又或者，即便環境不盡理想但仍要進行品酒訓練，也必須去適應各種環境。只是，如果目標是盡可能提升練習效果，當然愈理想的環境會愈有幫助。

品酒的準備⑥
提升品酒效果的酒杯和份量

　　關於品酒練習該使用的酒杯，基本上是以能讓各種酒都有一致中性表現的「國際規格 ISO 杯」最為合適。但實際上，只要是大小和形狀相當，其實都可以。比較重要的是，選擇自己用起來感覺最順的。這也是放諸所有道具都適用的道理。就像是在運動界，個別選手會選用的球棒或球拍，也都因人而異。

　　接著是品酒時所用的量。不管用的是哪一種酒杯，理論上都應該倒到表面

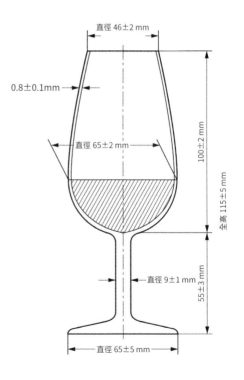

直徑 46±2 mm
0.8±0.1mm
直徑 65±2 mm
100±2 mm
全高 115±5 mm
直徑 9±1 mm
55±3 mm
直徑 65±5 mm

積最寬的位置。儘管在有些大型的品酒會上，可能只能提供每人約 5 c.c. 的試飲量，但是這樣其實無法真正地好好品嚐。一般還是以一瓶供十五人份，每人 50 c.c. 為適量。

品酒的準備⑦
其他必備道具

除了酒杯，其他品酒必備道具還包括溫度計、紙巾和吐酒桶。

如果可以的話，在品酒過程中最好避免喝水，因為如果在一款酒和另一款酒之間喝水，會因為攝取的水分而稀釋了下一款入口的酒。喝水雖然感覺像是以水清口，實際上，水卻會在舌頭上形成像是一層膜。

另外，如果要重複使用酒杯來品嚐不同的酒，也不需要在換酒的時候用水沖洗酒杯。若非這麼做不可，建議用接下來要品嚐的那款酒來洗杯會比較恰當。

讓練習效果更
上層樓的
重點

品酒練習應該要設定明確的主題，並且在保持警醒的狀態下進行！

第 2 章

構建品酒基本
動作

品酒的目的不是猜酒

唯有按部就班照基礎步驟來，
才能走出土法煉鋼

用腦構建品酒基礎

品酒的目的不是猜酒

　　一提到盲品，很多人會誤以為是要猜出酒名。而這樣的誤解，往往會大大地阻礙品飲能力的提升。

　　其實，品飲的目的並非猜出酒名，而是分析眼前的酒款究竟屬於何種狀態。比方葡萄是在怎樣的環境長成、經過何種釀造和熟成工法、因此具備怎樣的個性、當下又是處於哪一種狀態等。

　　因此，練習品飲的真正目的，應該更像是「葡萄酒分析」。如果把目的當作是「葡萄酒猜謎」，往往容易忽略真正的目標，只憑自己有興趣的方向或經驗法則進行，有失偏頗。

　　另外，一旦聯想到某個品牌或酒廠，往往就會在那個當下停止分析，僅憑記憶或感覺就做出判斷。例如，如果已經認定一款酒應該是布根地的黑皮諾，那麼所有理性思考應該也就此停止，很少會再進一步詳細分析酒的產地、品種、葡萄種植和釀造、培養，如何造就了酒的個性。

　　因此，品酒應該被視為是「以自身感覺和知識為基礎去進行的細緻檢核過程」，要能避免驟下定論，透過一個個證據累積，最終得出結論。因此，如果目標是想精進專業的品酒能力，那麼就不該把自己當成是「葡萄酒詩意語言的表現者」、也不會想要具備「敏銳的嗅覺、味覺和記憶力」，而是應該真誠地面對自己的分析和檢驗結果。換言之，應該是要常保一種近似化學家的態度。

　　所謂的品酒，最重要的目的，應該是去理解葡萄酒的過去和現在，並且預測它的未來。

土法煉鋼沒有意義

　　儘管品酒是一種基於個人主觀做出的判斷，但還是有必要瞭解其中存有的個人差異。比方大家不只對一款酒的外觀可能持不同意見，個體差異在香氣的感知方面尤其明顯，口感的部分也會受個人偏好左右，而有不同的看法。

　　雖然如此，對以葡萄酒為業的侍酒師或銷售人員來說，維持客觀性仍相當重要。因為唯有透過具客觀性的品飲能力，才能真正獲得客戶的信任。例如推薦一款酒給客人時，自己所用的描述得到客人的認可，認為「真的是像你說的那樣耶」，才算受到客人肯定，也才能連結到客戶的信任。

　　想具備這樣的客觀性，就必須傾聽他人意見、去感受他人和自己的感官差異，並且在品飲的過程中，試圖在理解彼此差異的情況下，修正自己的看法。如果只是獨自一人進行品飲練習，很難做到這一點。

　　此外，透過培養客觀的品飲能力，也能更好地掌握購買的酒款價格、數量和銷售期，有助於提升酒窖管理和行銷的能力。甚至在準備購酒時，連對匯率和國際經濟情勢，都該有一定程度的掌握。

　　如果能照這樣去拓展興趣、學習新知，提升身為侍酒師的專業能力，即便是在組織裡工作，應該也都會得到公司經營者的信賴。

以棒球選手一朗為目標

在品飲過程中，最重要的就是養成扎實的基本動作。唯有一絲不苟的扎實基本動作，才能按部就班，以相同的標準去檢視每一款酒。因此，按標準的基本動作去反覆練習品酒，至關重要。

我們以運動選手來做比喻，棒球選手鈴木一朗就是最好的例子。一朗選手維持高度技術和穩定成果的秘訣，就是他從走上打擊區的一連串被稱為「Ichiro Routine」的例行動作。雖然他面對的投手有各種不同的類型，但是不管面對的是哪種投手，很重要的是他都採取同樣的動作，只在細部進行微調，因此創造出偉大的紀錄。

沒有慣例的基本動作，就只是土法煉鋼而已。

品酒雖然是依照個人主觀進行，但卻無法靠土法煉鋼提升能力。如果只是土法煉鋼，恐怕再怎麼練習，也只會離本質（分析葡萄酒）愈來愈遠，因此希望各位務必謹記，每次品酒都應該按基本動作確實執行。

只要能養成扎實的基本動作，那麼未來，即便是在像國際侍酒師比賽那樣會讓人異常緊張的現場，都能靠著千錘百鍊的扎實基本動作，做出同樣的分析，最終也一定能成為酒款的適切評析。

在任何情況下，都按基本動作穩扎穩打

在品飲過程中最重要的是：如何將從酒中得到的情報，在下一個分析階段加以運用。

如果從外觀上觀察到，酒色是以黃色為主，但仍帶有一點綠色

調，那麼重要的是，如何在帶入這些訊息的情況下，繼續進行下一個階段的香氣分析。因此，必須遵循分析的基本動作，才能不多不少地做出正確的判斷。

再以棒球為例，應該避免只看到一位強力投手，就先入為主地設定要以較強較快速的打擊來應敵，而是要保持一貫到位的基本動作，才能更好地擊中目標。

在表達自己的想法時也是一樣。例如，刻意去想該如何才能表現「複雜度」時，可能只會用出很貧乏的詞彙；反而用平常心，只是將自己的感受忠實地表達出來，更能在過程中累積經驗值。

特別是，當碰到全新的經驗時，更應該冷靜地按自己的基本動作，一步步進行分析，甚至只要抱著「這是我無法完全掌握的香氣」的態度即可。只要能反覆地按部就班練習，就算是目前「無法完全掌握的香氣」，有朝一日也一定能完全掌握。

不憑感覺，用腦構建基礎

很多人往往會把品酒的焦點，過度集中在必須讓感官全力運作。實際上，品酒更重要的是，把依循基本動作判斷出來的感覺，對照自己的知識反覆練習，累積經驗。特別是當碰到不易做出判斷的難題時，更要冷靜地克制自己的感覺。

比方在侍酒師大賽的比賽現場，如果不事先將所得的資訊在腦袋中進行整理，往往很難做出最終只有兩分半到三分鐘的酒款評析結論。為了在時限內完成任務，所以必須確實按基本動作，徹底地去反覆練習，如何同時進行分析並給出結論。即便不是在比賽場

合，也不適合花太長的時間來分析一款酒。

除此之外，藉由聆聽他人的想法，來增加自己的香氣語彙也很重要。舉例來說，如果是果香，那會是什麼樣的表現，該是用油桃、黃桃，還是蘋果；又或者對於木桶的香氣，該是香草、燻烤或香料等，這些都是必須透過反覆練習才能在腦中積累的語彙。因此可以說，品酒練習是一種更需要用腦而非感覺來進行的訓練。

過度仰賴品飲表單的資訊，也會扼殺進步的空間。所以，最好還是用自己的話語表達出對一款酒的看法，按著基本動作一步步進行……只有不斷地反覆練習，才能習慣成自然，讓這些動作真正成為自己的記憶。唯有不斷的練習，才能確立自己的基本動作，從而在更短的時間內完成對一款酒的評價，沒有捷徑。如此一來，在此種情況下做出的判斷，甚至能比花更長時間精雕細琢出來的判斷，更精準到位。

如何構建基本動作

品飲的基本動作，當然是按外觀、香氣、口感的順序循序漸進。

如何構建基本動作

1 **建立自己的品酒筆記**
（寫下自己的感想、該如何講述的臺詞、
腳本、評析）

這是成功
的關鍵

按外觀、香氣、口感
的順序循序漸進。

2 **反覆大聲說出來**

把這當作是
打擊練習

練習10次或100次

3 **能默熟於心時開始計時**

將時間控制
在3~5分鐘

親身感受自己的進步

4 **對著鏡子檢查
自己的姿勢和面部表情**

終於可以
在眾人面
前發表！

確認完成度

5 **完成心像練習**

建立並更新筆記

細分基本動作

由於本書的目的是確立品酒的基礎，因此在基本動作大致確立之後，接下來的階段就是更「細分」這些基礎。

請原諒我繼續以棒球來比喻，就像是初學者如果站上打擊區，一看到球來了就會無意識地揮棒。只有這麼一個動作。但如果是訓練有素的打擊者，就能看出他們的動作，其實從站穩腳跟開始；到接下來的揮棒打擊之間，其實還能更細緻地分解成調整重心、跨腳、扭腰等等。特別是水準愈高的選手，愈能拆解成許多細緻的動作，最終才一氣呵成，做出一連串的動作。

品酒也是如此，應該要能將個別要素（特別重要的）進行更細緻地拆解、體會，最終做出最完整的評析。例如，對果香的描述，應該不只說出「有明顯的藍莓香氣」，而是要能說出「屬於相對濃縮、像是壓榨黑莓時會有的香氣」；在口感方面也是，應該不只說出「能感受到強烈酸度」，而是像「酸的強度應該在中度以上，屬於帶來細緻感覺的愉悅酸度，而且還綿延到後味」。並且隨著熟練程度的增加，把內容也拆解得更細緻。

以心像練習確立基礎

在建構基本動作時，必須要鍛鍊出針對某種情境配對式的、「碰到這種情況就這麼說」的、讓慣用字詞儼然無意識脫口而出的機械式反應。

為了達到這種效果，不使用實際葡萄酒來進行的心像練習，或

許反而會更有效。比方在腦袋裡，按基本動作的順序，不斷地重複練習，想像自己會如何去分析酒款，久而久之，自然能在遭遇真正的葡萄酒時也侃侃而談。

　　具體來說，可以在腦袋裡設想某款品牌的葡萄酒，然後想像自己會如何按基本動作的各個順序，去依序描述這款酒的外觀等——如果是白酒，就以青蘋果作為果香的主軸；如果是紅酒，就以藍莓為主軸。像這樣不斷地在腦海裡練習關於各類酒款的標準，盡可能地按基本動作完成一款酒的描述。

　　此外，也建議大家不妨可以把所有飲料，不管是柳橙汁或茶飲，都依樣畫葫蘆地試著分析看看。即便是平常從來不曾用心去品飲的咖啡或茶，甚至礦泉水都可以。因為光看有多少語彙能用來描述葡萄酒以外的飲料，就能明顯看出練習的成效。

　　至於香氣，由於比味覺有更大的個人感官差異，也因此更容易受到外在要素或個人經驗、記憶的影響而有所不同。相較之下，影響口感的味覺要素由於只侷限於五種味道，即便多少有個人差異，但也較少出現全然不同的個人解釋（至少 A 說的酸，對 B 來說不會是苦）。

　　如此一來，重點就在於當實際接待客人、需要讓他人理解時，能如何傳達關於味覺的感受。比方即便是水，如果能做出像「含在嘴裡的時候，能感覺溫和的質地和礦物感，甚至能在舌上略感黏稠」這樣的描述，那就非常理想了。由於當實際和人溝通時，關於香氣的描述其實反而相當受限，假設你說覆盆子，但是萬一對方不知道什麼是覆盆子，就無法進行有效溝通。因此，在味覺方面盡可能地去提升自己的表現力，就異常重要。

複習五步驟

要把基本動作練到如行雲流水、不費吹灰之力，還須要透過個人的反覆練習。以下就是複習的幾個階段步驟。

STEP 1

連續好幾天都用同一款酒來練習，依照外觀、香氣、口感的順序逐步分析，發表評析。如果能練到不看筆記都能侃侃而談，就差不多了。這就像打棒球必須練的揮棒練習，或是高爾夫的揮桿練習。

大家可能會懷疑，一直用同一款酒這樣做練習會有效嗎，其實這反而是非常有效的練習方式。

STEP 2

接著要培養的，是同時分析兩款具對照性酒款的能力。所以要練習同時比較清爽和飽滿類型的白酒，又或者淡雅和結實的兩種不同風格紅酒。分析方式仍然是按上個階段的標準，即便花上一個月的時間才從 STEP 1 練到 STEP 2，都是非常大的進步。

STEP 3

按基本動作去比較兩種不同品種的酒，並做出評析。這個階段的目的，是要用分析的語彙，來表達與前兩個階段截然不同的細緻分別。此時可以同時參考教科書或參考資料，試著用書上的語彙來進行理論性的描述。在這個階段，重要的是避免像初階那樣只仰賴自己的感官，同時不要害怕做出錯誤的判斷、或猜錯品種。

STEP 4

接下來要練習的是一邊計時、一邊發表評析。因為如果在初階練習階段，習慣了邊品酒邊作筆記的方式，那麼要進入到能實

際說出自己的想法，可能還需要一些時間。所以建議大家不妨從 STEP 1 就開始練習，實際用口語表達自己對一款酒的看法。

　　原則上，建議每款酒以 3~5 分鐘的時間來表述。正所謂「一分耕耘，一分收獲」，這樣的時間是長是短，全憑個人在先前的兩個階段經過多少反覆練習。

STEP 5

　　接下來要進行對不同國家、不同產區的同品種比較，這也是從「品酒小白」晉升為「初階品飲者」的階段。雖然在選酒上並不特別困難，但更重要的是，希望能夠確實收集到各酒款的詳細地理、氣候條件差異等資訊。

　　絕大部份的資訊，現在幾乎都能在網路上找到。因此，關於酒款所使用的葡萄園所在的緯度、海拔、座向，以及周圍是否有海洋、河川或受季風影響等各種關於氣候和風土的條件，乃至於種植、收成、釀造、培養等所有相關資訊，如果能蒐集愈詳盡，就愈能安心進行品酒練習，也愈有助於培養出邏輯清楚的品飲腦。

　　另外也建議大家，不要拖拖拉拉地進行以上訓練，最好是能設定一段期間，集中練習。例如在 STEP 1，不妨設定每週一款酒，持續進行一個月，STEP 2 和 STEP 3 也各設定為一個月，到這裡已經算是從入門級畢業。由於 STEP 4 的計時練習，已經是從初階進到中階的練習，因此也建議大家不要荒廢好不容易積累的練習成果，最好能集中精神在短期內完成。等到完成 STEP 5，就算是可以從初階畢業了。

盡全力去打磨品飲練習的每一步基本動作！

第 3 章

外觀的基本動作

1   2   3

別心急

想像來自哪種環境

不單從酒色濃淡
就斷定品種

細想為什麼是
這個顏色

誤判才是學習
的機會

外觀的基本動作①
看濃淡

　　觀察外觀時最重要的點是：想像這款酒是產自怎樣的環境。

　　首先，要觀察酒色的「濃淡」。提到外觀，很多人可能就會滔滔不絕地開始：「屬於明亮帶有光澤，帶有紫色調的紅寶石色」，但這些都太心急了。一開始要決定的，其實是對酒色的第一印象，到底是「濃」還是「不濃」。

　　觀察濃淡的時候，要以適當的距離，將酒杯置於視線恰好呈45°往下的位置來進行觀察。

　　事實上，在剛開始練習的階段，光是要判斷到底酒色「是濃是淡」，都可能比想像中來得困難。儘管如此，還是建議大家不要怕犯錯，要堅持按照每次觀察的結果作出自己的判斷，否則很容易光在酒色這一關就停滯不前。因此，切記要勇敢地做出判斷，勇敢地踏出第一步；就算最終發現判斷有誤，未來也一定還有修正的機會。

　　倘若給出的是「濃」的答案，接下來要想的就是，這些葡萄是在怎樣的環境生長，才得出這樣「濃」的酒色。那可能就會想到葡萄有很高的成熟度，亦即是在有豐富日照，氣溫也相對偏高的環境。相反地，如果答案是「淡」，當然可以預測葡萄屬於成熟度偏低，也就是日照量較少，來自於更涼爽的氣候。

　　像這樣在觀察「酒色濃淡」的第一個階段，腦中要更先出現的其實應該是世界地圖，而不是跳到去想會是哪個品種。由於觀察酒色的第一步，就等於理解葡萄酒的第一扇窗口，因此務必先釐清這一點，否則很難繼續前行。

　　另外，同樣很重要的是，如果光仰賴酒色，就急著做出像是「產地是北或南半球」、「日照量是偏多或少」、「葡萄園的海拔是高或低」、「葡萄園是南向或東向」等更為複雜的判斷，也可能有失偏頗。所以單從外觀來說，建議還是只做出「屬於何種氣候」的判斷為宜。倘若想得過多，很可能因此迷失真正的重點，建議大家還是以掌握重點為宜。

在腦海中
想像世界地圖

從酒色濃淡斷定品種太輕率

必須特別注意，品酒初學者或一心一意在猜酒的人，似乎很容易只要開始觀察酒色，就迫不及待地想要得出用的是哪個品種的結論。特別是碰到一些酒色特別濃、特別明亮的酒款，可能很容易就聯想到特定品種，然後內心開始興奮雀躍。碰到這種狀況，反而更要注意，該提醒自己靜下心來「停、看、聽」。

如果僅靠外觀就連結到特定的品種，那麼在接下來的香氣和口感的判斷，也都很容易受到先入為主的觀念影響，因此該留意提醒自己「這都還只是猜想，而不是定論」。

比方如果觀察第一款 Santenay 可以發現，色調看起來相當紅，另外在邊緣部分，與其說是帶有橘緣，不如說是在整體紅色酒色的基礎上，參雜些微的橘色或棕色調。因為酒是產自 2009 年，因此酒齡只有 4 年[1]，但已有這樣的變化。如果是盲品的話，或許會認為酒齡已經有 5 或 6 年。要特別注意，因為有可能酒還沒那麼老，但從酒色上，卻能讓人感覺像是更超齡的酒。

如果從一開始就只是想著要「猜酒」，那麼在看到這種酒色時，可能十之八九的人就都會邊喝邊認定這就是黑皮諾。另外還有一點，如果很直覺地光看到「酒色帶有橙色調，那一定是比較老的年份」，也同樣有誤判的可能。

因此，單從外觀，應該先考慮的是葡萄產自怎樣的環境，在腦中去搜尋有哪些可能，而不是驟然就跳到葡萄品種會是黑皮諾的結

1　編注：本書當中提到的所有酒齡，皆是依作者撰寫當下的時間為基礎做計算。

論；一旦作出決定，就很難在香氣和口感的階段再去翻轉先前的假設。同樣地，關於成熟度也是，一般如果酒色是帶有橘色調，又假設是黑皮諾的話，就會設想可能是酒齡 5~8 年的酒，但如果做出此種連結，就不會再針對酒的成熟度做進一步的思考和判斷。

　　因此，關於酒色所觀察到的橘色調，到底是來自葡萄品種，又或者可能是裝瓶前所經的哪種釀造工序所致，其實更重要的應該

一開始只要考慮

酒色的濃淡

是，要先完整地思考各種可能性，再一起帶入下一個香氣的階段統
整考量。

外觀的基本動作②
看色調變化

在濃淡之後，下一個重點是看「色調的變化」。

在剛開始練習的時候，如果是白酒的話，通常都會按照綠色或
黃色的程度，去判斷酒色整體看起來是更「偏綠色」或更「偏黃色」。
但實際上，大家最常給出的答案往往都是「帶有綠色調的黃色」。

另外在紅酒部分，通常會更注意「紫色有多濃」或者「是否帶
有棕色調」。一般若品嚐的是年輕的酒，絕大多數會用到「紫色」或
者「帶有紫色調」等。

接著，就讓我們來實際觀察這些酒色。

相較於第一款 Santenay，第二款 Sonoma 黑皮諾的紫色，看起
來感覺就更沉穩。因此透過觀察，可以發現這兩款酒的各異現狀，
但若驟然將差異連結到「應該是年份有較大差距」，就太唐突了。

分析葡萄酒，其實應該是要按「葡萄園環境→葡萄品種→種植
→釀造→培養」這樣的順序進行，也就是基本動作。如果一下就跳
到「經過更長時間」，等於是就進到培養過程，等於是把葡萄園、葡
萄品種、釀造過程都省略了。透過觀察可以發現，第一和第二款酒
之間有著葡萄園環境的差異，意即不同的產地，接著才是不同的葡
萄品種。因此在觀察酒的色調時，也務必要循序漸進地依次進行。

養成這些基本動作，就像是在棒球裡必須不斷練習揮棒，才能

持續擊出好球。在品飲中,也必須按「哪種生長環境→葡萄→種植
→釀造→培養」這樣的順序,來依序分析一款酒所經的歷程,才能
完整地完成分析。因此,一開始請務必將「產自哪種環境」當作出
發點。

　　對葡萄酒來說,最重要的還是產地的差異,再來是葡萄品種,
其次才是種植、釀造和培養過程。所以,如果想提升品飲能力,就

按步驟分析葡萄酒

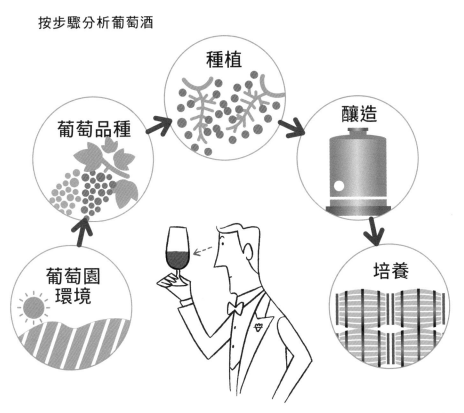

務必按這個順序依次前進，切忌未經思慮就突然做出「這應該是生產者的特徵吧」這樣的評析。

仔細想想，為什麼是這種顏色？

關於色調差異，可能源自於以下的諸多原因。

- 有可能是葡萄品種本身所含的色素量的不同。
- 是熟度比較高，還是品種本身果皮所含的色素量就比較多，又或者和葡萄的顆粒大小有關。
- 顏色也可能是因為釀造過程當經過較長期間的泡皮，又或者是以較高的溫度發酵所致。
- 甚至培養方法不同，也可能導致色差，比方是僅以不銹鋼槽（在厭氧環境下）進行培養，又或者在木桶（在氧化環境下）進行培養。

單單只是酒色，就可能受這麼多複雜的因素影響。因此，酒色其實充滿大量的資訊，希望大家能意識到這一點，千萬不要小看觀察酒色這個步驟。

比方如果看到「帶有紫色調」，就認為酒還年輕。然而隨著紫色的色調變化，也能觀察到是屬於年輕時的鮮明艷紫、已經略為褪去的淺紫，或是最終更趨近於紅色的不同狀態。

甚至連「色調明亮」，也都有可能是因為培養方式，又或者傳統的釀造方式（例如，不經新橡木桶或更技術性的色素萃取手法）所

致。只是，在一方面思考各種可能性的同時，也別忘了反過來想，試著從相反的角度再度檢驗，看看有沒有可能一開始看起來感覺像是成熟的酒，但實際上是被誤判了。

　　事實上，在品飲訓練的過程中，最重要的就是，在按部就班照一個個基本動作去進行的同時，保留「是不是也有這種可能」、「或許也有那種可能」的複數選項。

外觀的基本動作③
看亮度

　　接下來要觀察的，是「酒色的亮度」。

　　雖說酒色的明亮度確實會受到酸鹼值[2]的影響，但並不代表色澤愈明亮的酒，其酸度就一定愈高。這或許有些抽象，但是由於酒色的明亮度，其實更多地是顯示一款酒的「活力」，也就是直接連結到一款酒的「精氣神」。就像有些人雖然上了年紀，但依然活力充沛、幹勁十足，讓人感覺很年輕。葡萄酒也是，這些更具潛力的酒，可以在酒齡較高時依然顯得活力十足、豐富滋潤。

　　像波爾多這類經過長期培養的酒，就算帶有明顯的橘色調，感覺上像是酒齡已經不低，卻仍有可能保有不錯的明亮光澤。相較之下，第一款 Santenay 雖然年份才 2009，但也已帶有橘色調，且光澤

2　注解：酒色的明亮與否，會受酸鹼值的影響；酸度愈高（PH 值愈低），色澤也會愈明亮。不過，雖然酸的含量是首要變因，不過處於厭氧狀態、或經過濾等工序，也可能讓酸度維持在較高的水準。

仍然保持得相當明亮。另外，酒的色調也可能在發酵或培養的過程中產生褪色或變化。

不過，「澄清、過濾、添加二氧化硫」等工序，也可能讓一款酒的色澤愈發明亮。因此，色澤明亮度雖然是判斷酒的其中一個要素，但卻和濃稠度以及杯壁光圈[3]一樣，不如酒色的濃淡來得確實。

另外還有個小訣竅：練習初期，不妨在發表評析時，以「酒色明亮又有光澤」作為最開頭，那麼其他後續的描述，應該就能很順利地脫口而出了。

外觀的基本動作④
看澄清

從觀察酒液的澄清度，可以得知酒是否處於正常狀態。然而，判斷標準卻並非絕對，有清澄的外觀不代表絕對正常，出現混濁不清也不代表就一定有問題。

因為酒有可能只是未經澄清或過濾的工序，因釀造或培養的其他因素，而導致外觀看起來混濁，但酒質卻完全正常。因此很難只靠外觀來判斷，還需透過香氣和口感，才能確認酒質是否有異。

也有些人往往只根據外觀就給出「酒質正常」的結論，這也是操之過急，由於實際上應該還是要透過香氣和口感，才能得到真正

3　譯註：杯壁光圈，指從酒杯側面觀察酒液時，可於液面上層觀察到的透明無色分層。儘管這在絕大多數酒款之間並無太大差異，但是隨著酒的濃稠度愈高，光圈也會愈厚。例如，濃稠度偏高的甜酒和一般的不甜酒款之間，就能觀察到較明顯的差異。

肯定的答案。因此，在品酒練習的初期，如果想簡單明瞭地作出結論，只要表示「透明澄淨」就可以了。

外觀的基本動作⑤
看黏稠度

　　觀察外觀的最後一步，就是看能代表濃稠度的、所謂酒的「眼淚」或「酒腳」。經常會用到的方式是，觀察酒液在流經杯壁後所留痕跡（亦即「眼淚」）的流速，但其實即便是同一款酒，流速都可能受酒杯的形狀或材質所影響，不得不慎。

　　有些酒可能光為了要等「眼淚」滑落，就要等上 10 秒左右，實際上是很耗時的。就連第一款酒，為了要觀察眼淚滑落，應該也得花上這些時間。

　　另外，關於可以從杯壁觀察的杯壁光圈，如果是酒色帶有黑色調的深濃酒款，可能幾乎很難看到，因此不妨養成將酒杯傾斜，從晃動的液面去觀察的習慣。

　　實際上觀察酒腳，在甜酒或蒸餾酒類酒款中，比較能感覺到因為酒精濃度而帶來的濃稠度和杯壁光圈的明顯差異，但如果是一般酒精濃度約在 12~14 度的黑皮諾，由於差異非常小，而甘油又只占酒精含量的約十分之一至十五分之一，因此在極微量的情況下，不容易在眼淚、酒腳或杯壁光圈上觀察到明顯差異。

　　因此，不論是「酒液看起來很濃稠」、「眼淚滴落的速度很快」，或是像「偏厚的杯壁光圈」，其實都是近似的說法，就不需要花太多時間了。

建議大家在品飲訓練初期，不妨在「感覺柔和」和「感覺強烈」中擇一作為簡單的評析標準，並最好避免像「中等程度」或「感覺不到什麼」的負面描述。因為，如果是用「並不濃」、「沒有光澤」、「並不感覺濃稠度有多高」這類敘述，就限縮了最終的可能選項。而且，什麼都被說成是「不怎麼樣」，最終結論也會導引出一款欠缺個性的酒，變得無從做出分析判斷，自然也就很難掌握到葡萄酒的個性和特徵了。

酒色 ——
暗示葡萄和酒的熟成狀況

假設在這裡，我們其實是對第一款的 Santenay、第二款的 Sonoma 黑皮諾以及第三款 Fleurie 的酒色，都做出「紅寶石色」這樣的判斷。實際上，或許第二款和第三款的酒色，確實沒有太明顯的差異，但是第一和第三款之間，卻存在著較明顯的差異。

如果都只用「紅寶石色」來形容，就無法顯示出彼此之間的細微差異，比方第一款其實是色澤最清透淡薄，第二款又稍微濃一些，而第三款雖然比第二款又淡一點，但兩者其實是極為相近的色調。因此，這裡的描述重點應該是：要能讓人想像出第一款的酒色，其實明顯不同於另外兩款。

在色澤的表現上，如果慢慢習慣之後，應該要再做更細的劃分，比方按紅色中黑色調的多寡，可以「紅醋栗、覆盆子→紅寶石→櫻桃」逐階段再做區隔，隨著氧化程度的不同，也能分成「帶紫色調→帶橘色調→石榴石→帶磚紅色→淺紅褐色」，如果能同時用以

上兩類來組合思考，應該就有足夠的語彙可以更好地區分色澤。

　　所謂品飲，其實是一種將自己的主觀感受，透過語言表達出來的過程。但比起表達本身，更重要的其實是要讓他人理解、產生共感。因此，儘管在品飲練習的初期，想要適切地表達酒色在色澤上的細微差異並不容易，但至少要理解到這是很重要的一點。

誤判，才是學習的機會

　　像這樣從觀察外觀所得的種種訊息，就會組成自己所選擇的一條「道路」。依循觀察外觀的五個基本動作，從產地→葡萄→種植→釀造→培養，一路沿著葡萄酒的誕生歷程，一步步地去設想分析。

　　就算過程中，偶爾或許也會想要嘗試切換到另一種不同的「道路」，但是如果真想做出正確的分析，應該還是要依循自己最初所選擇的那條路，勇往直前。偶爾或許也會迎來意想不到的大失敗，但即便完全判斷錯誤，這些錯誤也都是修正腳步的絕佳機會。

**讓練習效果更
上層樓的
重點**

盡速掌握觀察外觀的五階段基本動作

外觀的基本動作① **看濃淡**
外觀的基本動作② **看色調變化**
外觀的基本動作③ **看亮度**
外觀的基本動作④ **看澄清**
外觀的基本動作⑤ **看黏稠度**

第4章

香氣的基本動作① & ②
第一印象和
第一類香氣分析法

品飲酒款

1 Sauvignon Blanc 2011 Cloudy Bay

2 Alsace Gewurztraminer 2009 Léon Beyer

3 Vin de Pays des Collines Rhodaniennes Viognier Le Pied de Samson 2010 Domaine Georges Vernay

1　　2　　3

連結外觀和香氣

當機立斷

不要過度表現

不要被
特殊香氣迷惑

用能讓人理解的
方式說明

如何準確連結外觀和香氣

接下來這個階段的重點，在於如何將從外觀得到的線索，連結到香氣分析。

經常在一些人發表酒款評析時，會聽到他們其實並沒有活用從外觀得到的線索，而是另闢蹊徑，得出和最初觀察相左的結論，可以說是「走了歪路」。

為什麼會這樣呢？因為他們並沒有充分運用從外觀得到的線索。理想的外觀分析，應該要盡可能發揮想像、對各種可能性採取開放態度。比方如果看到的是濃郁的酒色，可以推論或許是葡萄的色素量非常高、出產在很熱的年份，也或許是因為產區的天氣炎熱。而這些，也都會成為分析香氣的重要基礎，因此務必要將外觀和香氣做連結，一起考量。

香氣的分析，請務必「當機立斷」

關於香氣訓練，最重要的就是當機立斷。

儘管從香氣中可能會得到和外觀相互矛盾的線索，但即便如此，一旦把鼻子湊近酒杯，就應該盡快地在短時間內捕捉香氣的感受，因為如果再三地不斷嗅聞，反而很容易造成混淆。另外，持續嗅聞杯中升起的香氣（含有酒精）很容易造成嗅覺疲勞，反而無法感受到真正的酒香。

因此這裡有兩個重點：首先，一旦讓鼻子湊近酒杯，感受到酒香後就應該稍微拉開距離，這樣不只更有助於掌握香氣，也應該在

瞬間立刻對香氣做出判斷。再來就是避免「過度表現」，所謂的「過度表現」是指，在描述香氣時刻意堆砌一大堆形容詞，這只代表這些口語表現其實可能未經思考。

　　儘管國外有很多侍酒師，可能都會像這樣說：「果香部分帶有覆盆子和藍莓、黑莓，香料部分可以感受到荳蔻、丁香、黑胡椒、甘草」。的確，連珠炮般脫口而出的豐富語彙，看起來就「很厲害」，特別在一些比賽或需要表演的場合，也有很好的效果，但是對於實際去分析、理解一款酒，卻沒有太多助益。特別對不擅於邏輯思考的日本人而言，這種方式並不適合我們。

　　此外，「不被特定香氣迷惑」也很重要。比方像香氣極具特色的蜜思嘉或格烏茲塔明那，大家往往容易因為品種的香氣特色太強，一聞到香氣就完全忽略了其他分析，最終造成很大的誤判結果，也時有所聞。

　　最後還要注意，要「用能讓人理解的方式說明」。因為任何一款酒的評析，其實是要讓自己的分析結果可以被他人理解，如果是某些只有自己經驗過的特殊香氣，最好不要期待他人也能理解。因此在說明過程中，最好還是盡量使用大家都能理解的語彙。

芳香品種的陷阱

　　在本章的品飲酒款部分，我們選擇了一般被歸類在芳香品種的白蘇維濃、維歐尼耶，以及格烏茲塔明那白酒。接著就要以這些酒為例，來說明第一印象、到第一類、第二類和第三類香氣的基本分析方法。

　　首先要說明的是，一般我們可以將白葡萄品種簡略地分為「芳香品種」和香氣較中性的「非芳香品種」。這兩種範疇，該怎麼掌握呢？

　　在白酒所用的主要葡萄品種中，較常用的芳香品種只有約十來種，並不算太多。但是，由於芳香品種大多有鮮明的特色香氣，很容易就能猜到品種，所以如果只是因為猜對品種就很高興，那麼恐怕不會有太大的進步，因為往往在命中品種後反而忽略了該有的分析步驟。愈是香氣品種，反而愈該按部就班地循外觀、香氣、口感的基本動作，在腦中描繪出關於生產國家和產區的世界地圖，並盡可能地發揮想像力。

　　品嚐芳香品種的陷阱，也就在於很容易做出過於直截了當的結論。例如，一旦沒有感覺到白蘇維濃最典型的草味（青草、草地等），就不會將白蘇維濃納入視野；一旦沒有聞到荔枝的香氣，就會完全排除格烏茲塔明那的可能性。所以其實應該盡可能排除先入為主的想法，才能盡可能廣泛地感受各種香氣面向，也才有助於提升品飲能力。

　　因此，如果是想要提升自己的品飲能力，應盡可能納入各種能有不同香氣表現的酒款，像是具有白檀香氣、帶有胡椒香味或東方調香氣息的各種酒款，然後逐個去探究，比方這會不會是西班牙產的酒之類。唯有像這樣盡可能廣泛地去體驗香氣，才能在享受發現樂趣的同時，提升自己的品飲水準，增進分析的能力。

聯結外觀情報和香氣的秘訣在「第一印象」

品飲基本
動作

外觀

↓

香氣

↓

口感

　　雖然分辨出「到底是什麼香氣」也很重要，但最好還是能在第一印象，就用語言說出整體是屬於「感覺青春洋溢」、「感覺華麗」、「感覺迷人」等。如此一來，往往能更好地結合從外觀所得的線索，讓我們基於感覺做出「感官判斷」。因為這些從外觀所得，不管是活潑生動、青春洋溢的狀態，又或者是感覺熟成、已經發展完成的這些印象，最終還是要和從香氣所得的第一印象融合在一起，才能得出關於一款酒的更完整形象。

　　也就是說，練習品飲的第一個重點，其實是如何能將從感官所得的第一印象，和外觀所得的情報做出連結。因為所謂的品飲，其實就是將「感官所得的訊息」和「分析性的評析」巧妙融合為一的過程。特別是如果無法將外觀所得的線索，和香氣、口感巧妙地融合，恐怕也很難真正掌握一款酒的形貌。

　　而感官判斷，又因為其實直接連結到如何和客人解說，因此非常重要。想像如果只是用「帶有覆盆子的香氣」來形容一款酒，恐怕很難引起客人共鳴。但如果用「這是一款鮮活迷人的紅酒」，不但可以清楚傳遞一款酒給人的印象，還會讓人感覺很愉悅、很美味。因此必須要意識到，具體的香氣描述，其實是屬於品飲的評析。

　　正因如此，過程中更應該盡可能使用肯定的，而非否定的語句。另外在評析中，也應該避免使用像「欠缺果味」、「幾乎感覺不到桶香」等否定的描述。因為這樣的描述，最終會使得選項愈發侷限，導致後續在走向口感的階段，也很難真正詳細掌握一款酒，只得到使用語彙、思考過程和最終結果都很貧乏的最終結論。

　　一款酒的品飲分析，包括「分析性評析」以及「感官性描述」這兩大部分。關於分析性評析，由於是解構分析，因此必須完全不摻雜感情，純粹就事論事地評價。反之，在感官表現的這部分，由於必須以品飲者的印象作為描繪的基礎，因此如何讓聽者感覺更美味、更讓人想喝才是重點。

　　也因此，品飲其實可說是由分析性評析和感官描述共同組成，在品飲中，不但需要清楚地區別兩者，還需要均衡地併行兼用，不能只獨厚其一。也因為葡萄酒不僅是化學組成、是歷史傳承、是文化展現、更是興趣嗜好，基於獨特的多樣性，才生出這些講究。

香氣的基本動作①
香氣的第一印象

　　關於香氣的第一印象，首先是決定濃郁程度。

　　這裡的重點，是要看能否和從外觀得到的情報（例如：葡萄成熟度等）相連結，接著才來描繪整體印象，形容這款酒的輪廓。比方在練習初期，關於白葡萄酒，第一印象通常是「感覺清爽」又或者「很有份量」；紅酒的第一印象則通常會是「很柔和」、「感覺相當濃縮」，或者「從一開始就能感覺香氣很複雜」之類。都是先做出概略的描述，等逐漸習慣之後，再慢慢練習增加語彙。

　　至於在分析第一印象時要注意的是，所謂香氣很強很濃郁，並不等同於芳香品種。所謂芳香品種，是指葡萄本身具有芬馥的香氣，像是本章的品飲挑選的「格烏茲塔明那」和「維歐尼耶」就都屬於芳香品種。但即便是芳香品種，都有可能其實處於比較封閉的

還原狀態，而並未散發強烈濃郁的香氣。如果是這樣，那麼即便用的是芳香品種，此時的香氣濃郁度仍應是偏弱。

　　如果把用芳香品種所釀成的酒，通通當作是「香氣很濃郁的酒」，就會有失偏頗造成誤判，因此實際上應該要能清楚區分兩者才行。另外，單單以「香氣濃郁的酒」來描述，其實也包含很多可能：可以是帶有濃厚的香草香氣，也可能是更偏向榛果、核桃或雪莉類更成熟的香氣。

　　因此，判斷香氣的基本動作是，必須按「第一印象→第一類香

氣→第二類香氣→第三類香氣」依序去分析，判斷這款酒目前屬於哪個階段。

　　讓我們試著來具體描繪第一款白蘇維濃的第一印象，應該會感覺到，這款酒有「很明顯的清新、鮮爽感」。然後來看看第一類香氣，應該可以感受到柑橘類的檸檬、葡萄柚類的水果芬芳。

　　所以，這裡的基本動作應該是要先抓住大概的第一印象，接著按第一類香氣、第二類香氣、第三類香氣去依序分析，而不是憑當下感受，隨機說出感覺到哪些香氣而已。

　　而所謂的第二類香氣，指的是經酒精發酵所產生的香氣，例如：香蕉、哈蜜瓜、花香或水果糖的香氣。如果能明顯感受到這類香氣，就可以做出「酒還年輕」的判斷。因為這類香氣，會隨著時間經過而逐漸褪去，所以在訓練的階段，不妨按第一印象→第一類香氣→第二類香氣，依序口述分析。

　　接下來，讓我們來對第一款酒做更進一步的具體描述。「在第一類香氣的部分，能強烈的感受到柑橘類的檸檬，特別是葡萄柚的香氣，也有鮮明的青蘋果香，但稍微搖晃酒杯後，還能感覺到熱帶水果，像是百香果的香氣。另外也夾雜有新鮮草本植物或草類的香氣，還能感覺到明顯的黑醋栗芽的味道。在第二類香氣部分，則有明顯的白花香。」所謂的基本動作，就是要像這樣依序一步步評析。

　　由於這款酒很年輕，沒有比較成熟、如經過木桶培養的桶陳香氣（第三類香氣），因此在完成第二類香氣之後就算完成。

　　而所謂的基本動作，就是必須像這樣按部就班地，一步步地依序去進行分析，希望大家一定要確實培養好基本動作。

香氣的基本動作②
分析第一類香氣

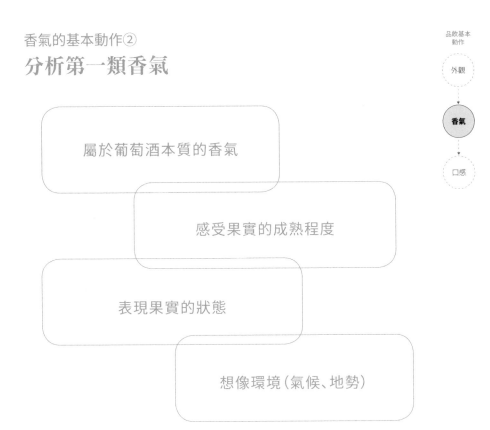

屬於葡萄酒本質的香氣

感受果實的成熟程度

表現果實的狀態

想像環境（氣候、地勢）

　　白葡萄酒的第一類香氣，一定都有果香，而這些果香又可以被大致分成以下三類：

| 1 柑橘類 | → | 2 白色果實 | → | 3 黃色果實 |

　　這三個類別，其實也代表葡萄從低到高的不同成熟度。也就

是當出現萊姆、檸檬、葡萄柚等果香時,代表來自日照量較少的產地,代表葡萄本身的熟度較低。接著的白色果實比方青蘋果,黃色果實如洋梨、白桃,熱帶水果等,代表葡萄愈成熟;黃色果實就代表日照量相當充足,氣溫也屬於偏高的地區。

　　儘管盡可能去體驗各種食物或花的香氣,有助於增加自己的表現語彙,但是這裡的目的,並不是要讓大家用這些語彙去表現酒的香氣。更重要的,其實是要思考,不同的香氣應該對應的是哪種分析。並且要清楚地理解,當自己用「柑橘類的香氣」去描繪一款酒的時候,會給聽者帶來怎樣的感受。

　　比方如果是一款以成熟度絕佳的葡萄釀成的白酒,那麼經常會有青蘋果的香氣。由於葡萄是水果,屬於爬藤植物,所以大家應該很容易想像,如果葡萄長在愈涼爽的氣候環境下,除了會有較溫和的成熟度之外,也更容易帶有較不熟的果實風味。由於殘留有更多較不成熟的青綠氣味,因此能很容易被理解成清爽的感覺;相反地,如果是來自溫暖的氣候環境,那麼葡萄不只會完全成熟,甚至可能過熟,因此也會帶有成熟果香,飄散出甜熟的水果風味。

　　這些其實都只是植物、水果的自然法則,只要應用這樣的規則,就能從感受到的香氣,來判斷出葡萄的成熟度。如果是柑橘類果香,一般就代表是來自日照量偏少、氣溫也偏低的地區。最簡單的方式,就是將青蘋果作為中間值,以葡萄的成熟度來對應不同的水果。如果比青蘋果更清爽,那就屬於柑橘類果香;如果比青蘋果更熟,那就是更偏向白色和黃色這些更成熟果實、甚至要更進一步地往熱帶水果甚或果乾的方向去想。

　　在描述一款酒的香氣時,同時用了青蘋果、柑橘類和熱帶果

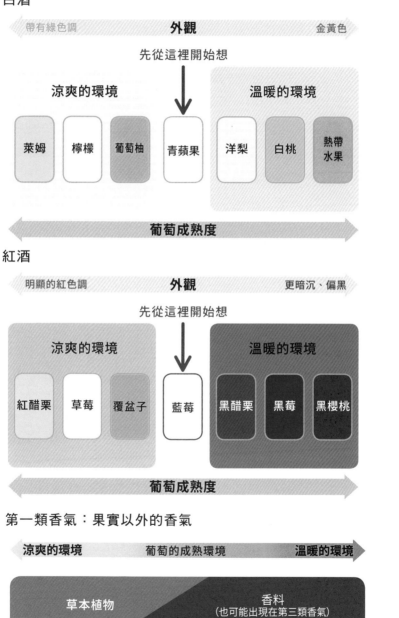

白酒

帶有綠色調　　　　　**外觀**　　　　　金黃色

品飲基本
動作

外觀

香氣

口感

先從這裡開始想

涼爽的環境　　　　　　　　**溫暖的環境**

| 萊姆 | 檸檬 | 葡萄柚 | 青蘋果 | 洋梨 | 白桃 | 熱帶水果 |

葡萄成熟度

紅酒

明顯的紅色調　　　　　**外觀**　　　　　更暗沉、偏黑

先從這裡開始想

涼爽的環境　　　　　　　　**溫暖的環境**

| 紅醋栗 | 草莓 | 覆盆子 | 藍莓 | 黑醋栗 | 黑莓 | 黑櫻桃 |

葡萄成熟度

第一類香氣：果實以外的香氣

涼爽的環境　　　葡萄的成熟環境　　　**溫暖的環境**

草本植物　　　　　　　香料
（也可能出現在第三類香氣）

59

香,就可能有兩種情況:一種是完全欠缺脈絡的胡亂分析,另外一種,則可能是該酒款同時使用了來自不同氣候區域的葡萄混釀,又或者因混釀不同葡萄而導致這個結果。

因此在練習的初期,應該像這樣從第一類香氣開始,按照成熟度的由低到高,依序去尋找是否具備對應的香氣。甚至在現階段,也不需要太過執著,只要大概感覺一下,比方「成熟度好像又沒那麼高,所以應該是葡萄柚」、「感覺好像有適中的酸度,應該是青蘋果」等,就可以了。就算分析有誤,也只需要在接下來的過程中修正即可。

忘掉「格烏茲塔明那＝荔枝」

現在,我們來品嚐第二款格烏茲塔明那。

看酒色,可以觀察到明顯的黃綠色調。不只感覺濃縮,甚至能感受到酒的濃郁質地。濃稠度偏高、酒液清澄,酒精濃度也偏高。相較於代表年輕酒和涼爽氣候的綠色調,其他部分的表現似乎更勝一籌,因此單從外觀,對於是否是來自溫暖環境的葡萄,應該暫時持保留態度。

而對此酒款香氣的第一印象是比較沉穩,但有明顯的果實香氣主導,芳香芬馥。第一類香氣的部分,有柑橘類的香氣,也有年輕

第一類香氣的重點整理

紅酒	白酒		紅酒	白酒
黑色果實	黃色果實	評析	紅色果實	柑橘系

葡萄夠成熟嗎？	分析	是屬於涼爽氣候嗎？

酒色濃郁　外觀的記錄/記憶　**酒色清淡**

如何將外觀的線索
連結到香氣？

61

酒具備的鮮明青蘋果香。此外，還有像油桃、香木瓜[4]那樣的強烈黃色果香，以及不屬於黃色的，像是荔枝的香氣。至於第二類香氣，則可以感受到明顯的強烈花香。

在這裡要再次提醒大家，很多人會一提到格烏茲塔明那，就聯想到荔枝，但如果只是這樣，那就不過只是猜品種而已。若是想提升品飲能力，絕對要按照基本動作按部就班進行分析，應該在感受荔枝的香氣之前，先掌握到有青蘋果和屬於第二類香氣的明顯花香，這樣才能知道這款格烏茲塔明那，具備的是來自涼爽氣候的特色，又或者是酒齡還相當年輕等訊息。最重要的目的，是要根據所掌握到的香氣，來判斷因為有這種香氣，而這也代表葡萄是產自怎樣的環境。

接著再來找找看其他的香氣。隨著我們搖晃杯身，還能感覺到紅胡椒類、略具刺激性的香料風味。像是混著香料的印度果菜甜酸醬（Chutney）那樣，帶著某種亞洲或東方情調的風味。同時，也能感覺到白花，特別是玫瑰的香氣。

一般對於格烏茲塔明那的香氣描述，香料也是經常提及的重點之一，由於葡萄品種本身的果皮帶粉色，因此會受到果皮色素的影響而使得酒色呈現偏濃郁的黃色調。此外，香料的香氣表現也有部分是受果皮所含的酚類物質影響而來。

---

4 譯註：香木瓜原產於中國，由於和榲桲同屬薔薇科，兩者的果實除了形狀相似外也有類似香氣，因此常被混淆。具有獨特芳香和藥效，常被加工製成酒或喉糖。

試著用腦分析維歐尼耶

再來，讓我們進到第三款的維歐尼耶。

對於這款酒的香氣第一印象，感覺頗為開放，而且帶有華麗感以及某種讓人聯想到甜味的濃密質地。此外，整體感覺屬於相當年輕的狀態。

在第一類香氣的部分，首先能感受到蘋果，但卻是比青蘋果又更成熟，像是覆蓋著一層黃色調的、更香甜的蘋果，也能感受到鮮明的桃子香氣，也是更屬於黃桃的氣息。另外，還能感覺到一點點更偏粉色葡萄柚的香氣。整體來說，帶有鮮明的、屬於黃色果實的氣息。

第二類香氣部分，相較於第一和第二款酒，這款酒帶有更多新鮮的花香調。而且是更偏向連著花萼或花莖等綠色植株的氣息，而不是只有花瓣。由此我們可以判斷，這款酒應該是來自溫暖的氣候產區，而且仍屬於相當年輕的狀態。

關於該如何分析燻烤類香氣，這裡也提供大家一些參考。

比方在這款酒的部分，因為我們已知品種是維歐尼耶、也清楚產地，此時就應該巧妙運用自身知識，來綜合品飲所得的線索，試著做出推斷。由於維歐尼耶，雖然來自法國隆河北部，屬於相對溫暖的產區，但又是要在海拔較高、日照較強的山坡葡萄園才能有較佳的成熟度，因此在外觀和香氣上，都更容易展現果皮的影響。加上幾乎不覺得有木桶的感覺，因此即便在此隱約有感覺些微的燻悶或燒烤氣息，應該也能判斷這並非來自木桶，而是因為果皮受強烈日照的影響所致。

如何掌握特殊香氣

假設在一款酒的香氣第一印象部分,我們做出了「屬於年輕的清爽香氣,但也有些許像是糖炒栗子的感覺」這樣的描述,不過這並不是一個好的例子。因為這其實是把第一印象和具體的某種香氣混雜在一起做出描述。這裡更好的表達方式應該是:第一印象感覺就是很清爽年輕。

所謂「糖炒栗子般的香氣」,其實應該歸為特殊香氣,如果急著把特殊香氣就放到第一印象裡,只會讓事情複雜化。需要去思考:這是否屬於木桶培養所帶來的香氣,又或者是比較偏還原類的香氣感覺,到底應該算是第一、第二,還是第三類香氣等問題,同時也需要更複雜的辨別判斷。例如,假設認為是屬於第一類香氣,那麼可能就會歸因於是產區日照強烈,因此帶來的灼熱感。

由於這類特殊香氣,需要更豐富的經驗和知識才能做出準確的判斷,因此在初期,建議還是更簡單明瞭地把精神集中在每一步的基本動作,才是最好的做法。就像學打棒球,一定也是先從基本的投接球開始,之後才會依序進階到快速球或變化球一樣。

不急著下結論

如果想要確實提升品飲練習的效果,最重要的是避免土法煉鋼,且必須按照基本動作的每個步驟,確實地一步步進行。因此本章最強調的也是:不要一看到香氣品種,就因為可以很容易地連結到葡萄品種,於是就三步併一步地斷定「只要有這種香氣就一定是

什麼品種」，而應實實在在地按基礎動作進行分析。

　　事實上，這次的這款維歐尼耶，儘管在酒色上感覺相對偏濃，但在外觀和香氣上，儘管乍看之下似乎感覺溫暖，實際上卻並未出現更多屬於溫暖產區的跡象。而根據酒款資料顯示，這款酒其實是產自海拔 300 公尺以上的葡萄園，也就是相對涼爽的環境。此外，還因為釀造過程中的浸皮，才有濃郁的酒色和相對飽滿的香氣，加上是在不銹鋼槽進行發酵和培養，故而帶有先前所說的還原類氣味。如果更去深究釀造工法，還可以發現，由於這款酒的葡萄是經過完全除梗，因此更強化了產自厭氧環境的特色。

　　綜合以上幾點不難發現，香氣品種或許看似簡單，但實際上要從香氣去分析判斷酒是來自怎樣的環境、屬於哪種葡萄、經怎樣釀造、當下又屬於何種狀態，其實一點都不簡單。因此，就算得不出結論，仍務必堅持做好基本動作，不要驟下結論。

　　在練習的場合，按一定的邏輯來做出有事實根據的評析、養成分析酒款的能力，才是比得出結論更重要、也更有幫助的基礎。因此更該考慮的是，當依序按第一類、第二類、第三類香氣循序分析後，自己能對酒做出怎樣的評價、又怎樣表達給他人理解。特別是本章第二款格烏茲塔明那和第三款維歐尼耶的部分，因為很容易就能感覺到充分成熟的果味，所以很容易只注意到這一點，反而忽略了本質。

　　切記，欲速則不達。為了避免前述情況，就不能執著於特定香氣，務必按照基本動作，實實在在地去考量每一種可能性，這才是基礎。苦口婆心的一再叮嚀這些事情，還請大家在分析香氣時務必牢記。

不急著下結論。

分析香氣的基本動作①是掌握香氣的第一印象，不
對品種驟下結論；
分析香氣的基本動作②是從第一類香氣來聯想葡萄
可能的生產環境。

第 5 章

香氣的基本動作③
第二類香氣分析法

1　　　2　　　3

第二類香氣＝酒還年輕（距離完成發酵還沒有很久）

經過愈長的時間後，氣味也會變得愈淡

尋找花香或水果糖類的香氣

想像酒的整體印象（產地、釀造、培養、發展狀況）

第二類香氣，指的是「源自酒精發酵」的香氣

在此我們選擇了三款白酒來說明第二類和第三類香氣，使用的品種分別是麗絲玲、夏多內和榭密雍。

由於第一類香氣，基本上屬於葡萄品種的個性表現，因此就算有些酒的第一類香氣表現可能並不太明顯，但不至於完全沒有；相較之下，第二和第三類香氣，就並非所有酒款都有的必備要素。而第二類香氣，其實可以算是酒精發酵所產生的副產品。也因為葡萄必須經酒精發酵才會帶有各種豐富的香氣，因此唯有正確地理解第二類香氣，才能正確地理解一款酒。

第一和第二類香氣，也都會隨著時間經過而產生變化。第一類香氣會因為酒款愈成熟，而有愈膨脹的表現。第二類源自發酵所產生的香氣，反而是在愈年輕、才剛完成發酵的酒款身上愈容易找到，隨著酒款愈成熟，這類香氣也會逐漸散去。

雖然在實際分辨的時候，或許並非所有的氣味都能很容易地判斷出哪些是第一類、哪些又絕對屬於第二類香氣，但儘管如此，基於這些都是品飲練習的基礎，建議大家還是要盡量去意識到兩者的區別，並且隨著經驗累積，盡可能辨明其間的差異。

感受第二類香氣的基本要點，在於花果香氣的強度。如果香氣表現是以第二類香氣為主，那麼可能多屬於適合年輕飲用的酒。比方薄酒萊新酒，就是最好的例子。這類以第二類香氣為主的酒，由於並不需要再繼續陳放，因此專業人士在進貨的時候，對數量和價格都必須特別留意掌握。

明顯的第二類香氣，代表酒還年輕

品飲基本
動作

外觀

香氣

口感

　　如果是在品飲訓練的初期，那麼只要碰到第二類香氣很明顯的酒，需要作出的結論只有一個——酒還很年輕。需要注意的是，不要過度地去推論，糾結於這是否是加美葡萄品種、或者還有其他成分、是否因為用了哪種酵母所以才容易有這種香氣等，因為這樣反而容易模糊焦點，導致最後反而迷失在這些枝微末節。

　　儘管去更深入地理解釀造化學、品種特性或者最新的釀造流行都是好事，但是在初期階段，還是以顧好基本動作為宜。在此，只需要有一個認知：「任何明顯的第二類香氣就代表酒還年輕（才剛完成酒精發酵沒多久）」，這樣就可以了。

「沒有木桶香」，不代表就是「沒有第三類香氣」

那我們就先從麗絲玲開始。以下，就來看看某位品飲者所發表的評析。

● **品飲者的評析範例 1**

「外觀的酒色感覺偏淡。整體的色調呈現帶有點綠色調的黃色，有年輕的感覺。成熟度並不太高，可以知道是來自涼爽的氣候環境。從酒杯側面觀察到的杯壁光圈厚度中等，頗具黏稠度，感覺應該是酒精濃度稍高的酒。

香氣給人的印象很清爽，帶有葡萄柚等的柑橘類和青蘋果般的香氣，也能感受到明顯的第二類香氣的白色花香。因為不覺得有木桶影響，所以應該是沒有第三類香氣。」

要像這樣按照「第一印象、第一類、第二類、第三類香氣」循序漸進地分析，就需有愈豐富的知識、經驗和詞彙，才能讓內容更深入。以這款酒的情況，我們可以說，首先應該是有表現出品種特性，因此重點在於掌握「屬於芳香性偏高的酒，並且還有比較還原（未接觸空氣）表現」的特徵。雖然年份是 2009，但可能有更多年輕的花香或草本植物類的香氣。

至於在香氣部分，其實還有像是帶蜂蜜的蘋果甜香，甚至花蜜般更有深度的香氣。另外伴隨著百里香、檸檬香茅等草本植物的芬芳，特別在酒杯裡經一段時間後，可以感覺到更鮮明的檸檬香茅風味。同時也還有些類似薑黃的香料風味，以及像是椴花般的，很典型的麗絲玲花香。

　　這裡要糾正的是，關於「因為感覺不到木桶香氣，所以沒有第三類香氣」。因為從酒結束酒精發酵到今天已經四年，照理說，應該會有某種第三類香氣，不可能完全沒有。因此這裡應該只能判定為「感覺不到屬於木桶的香氣」。

　　關於這款酒，這裡的重點應該是屬於還原的氣味，也就是屬於「礦物」的感覺；所謂的還原類氣味，由於不只在發酵完成之後，甚至連在成熟階段都會持續變化，因此可以將這類礦物感的要素，歸類到第三類香氣。由於麗絲玲是一種容易出現還原氣味的品種，因此做成酒後，往往會存放於大木桶或水泥槽中，甚至在裝瓶過程中都可能帶有礦物感的氣味。因此，不能判定「沒有木桶影響就沒有第三類香氣」，而是要全面地考量從葡萄到發酵、培養、裝瓶的各個過程，判斷葡萄酒目前應該處於哪個狀態。

　　這裡要特別說明的是，有些葡萄酒或許很容易就能讓人感覺到明顯的木桶香氣，也有些酒是像這款麗絲玲，較不容易讓人感覺木桶影響。一提到麗絲玲，很多人可能也會聯想到汽油味，但是比方這款酒就沒有明顯的汽油味，因此如果在盲品時，心心念念只以為麗絲玲就等於汽油味，那麼碰到像這樣的酒，就很容易出錯了。

　　不過以這款麗絲玲來說，其實香氣是頗濃郁的，也能夠清楚地感覺到第一和第二類的不同香氣元素。像這樣的酒，也往往代表可能來自優質的產地和生產者，因此也有不錯的潛力。

只是堆疊詞句不代表評析

　　接著讓我們進到第二款的夏多內。

品飲基本動作

外觀

香氣

口感

● 品飲者的評析範例 2

「第一印象可以感覺到香氣很明顯奔放。在第一類香氣部
　分，有檸檬、葡萄柚等柑橘類香氣，以及更偏黃蘋果而非青
　蘋果的感覺，也能感覺到些微的白花香。第三類香氣部分帶
　有白胡椒，以及來自木桶的奶油麵包和餅乾香。屬於複雜、
　多層的濃厚香氣，而且相當持久。」

　　首先，面對一款酒如果沒能掌握到某種比較深刻的第一印象，
那麼接下來就很難針對這款酒去進行後續的分析。如果只是堆疊大
量的語彙，描述第一類香氣有哪些、第二類香氣、第三類香氣又有
哪些，不只無法讓聽的人抓到重點，恐怕連說的人自己，其實也沒
釐清自己的思緒。

　　不同於前款酒的評析，這裡各種香氣都有，但是如果沒有同時
表達出強弱程度，則很難讓人感受到酒的輪廓或表情。因此應該加
上感官表現，才能更讓人理解，並且評析時還應該注意，哪些才是
該更突出的重點。比方在第一類香氣部分，從檸檬到黃蘋果其實範
圍相當廣，因此需要加以說明。所以應該要去思考，到底這款酒，
或者說夏多內這個品種的本質是什麼，然後加以補足或修正。

　　由於香氣會在成熟的過程中持續變化，比方第二類香氣就會隨
酒愈成熟而愈來愈少。年輕時源自發酵的水果和花香很豐富的酒，
可能會逐漸變化，等到酒齡愈長，發展出更多複雜的香氣。在描述
香氣時，很重要的是要能在評析中加入強弱記號，藉以展現整體的
香氣輪廓和表情。因此，第二類香氣的整體歸納，或許是品飲練習
中最困難的關卡。

如果只是說「有這種香氣、也有那種香氣」，光是堆疊詞彙並不代表評析

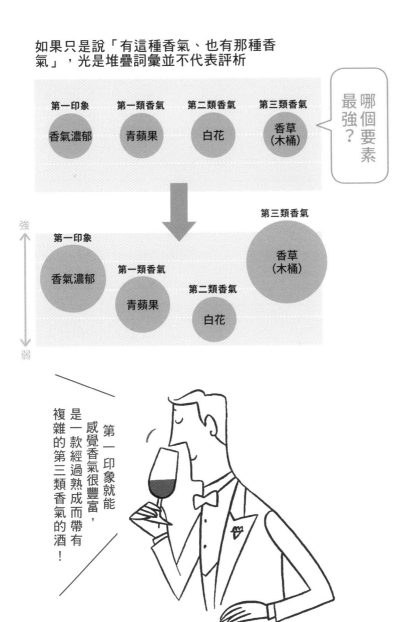

哪個要素最強？

品飲基本動作

外觀

↓

香氣

↓

口感

第一印象
香氣濃郁

第一類香氣
青蘋果

第二類香氣
白花

第三類香氣
香草（木桶）

強 ↑

第三類香氣
香草（木桶）

第一印象
香氣濃郁

第一類香氣
青蘋果

第二類香氣
白花

↓ 弱

複雜的第三類香氣的酒！
是一款經過熟成而帶有
感覺香氣很豐富，
第一印象就能

如果將先前的評析範例重新整理，將會是：

第一印象，就有深厚豐富的感覺。→在第一類香氣，帶有黃蘋果，第二類香氣的白花芬芳，也顯得相當年輕。→經過更多空氣接觸後，感覺香氣變得更豐厚，能有白胡椒，以及源自木桶的奶油麵包和餅乾香等第三類香氣，是一款有著複雜香氣表現的酒。

切忌過度使用「很」和「非常」

關於前面的評析範例還有一點提醒，以這種等級的酒，如果在評析中用了太多「很」或「非常」，可能會略顯過度。因為如此一來，可能會讓人誤以為這是一款更豐富多層、或甚至更有潛力的酒。

儘管當我們把酒作為商品去推薦給消費者時，要讓消費者留下好印象是很必須的，但是別忘了，作為專業人士的我們，同時也必須在理論基礎上提供正確的分析。比方，如果能夠說「這是一款稍微開始帶有成熟香氣，可以同時品味果味和熟成感的酒」，就算是恰到好處、又能讓客人更具體理解一款酒的方式。

也由於評析一款酒，其實就是要理解一款酒、掌握酒的個性特徵，因此在用字遣詞上更須務求精確，特別是在很容易產生模糊地帶的第二和第三類香氣的描述上，更是如此。因為第一類香氣基本上是以捕捉果香為主，而第二和第三類香氣，既有可能和第一類香氣有關，也可能和釀造有關，所以更需要小心用詞。否則，我們將很難判定酒的狀態，結果也可能會搞不清楚到底是木桶風味更勝一籌，又或者其實還很年輕，沒法做出最重要的判斷。

哪些是源自熟成的香氣？

　　關於第三款的榭密雍，同樣來看看品飲者的評析範例。

● 品飲者的評析範例 3

「香氣感覺還是頗明顯奔放的。有糖漬白桃、柑橘、香料的
香氣，此外還有比較少見的，某種類似蜂蜜的香氣。對酒的
印象，感覺比較是稍微偏成熟一點。」

　　如果我們把焦點放在本章的主題——第二類香氣，應該就能注
意到這款酒的香氣相當豐富、濃郁。由於這款酒的特點是，儘管沒
有太多年輕或特殊的香氣，但卻能帶來複雜的感覺，因此應該是熟
成的香氣所致。

　　也就是說，首先應該用自己容易正確理解的語言，來表達自己
的感受，例如：感覺濃密、或者有複雜又兼具深度的礦物感，能感
覺這款酒的特徵，是屬於相對成熟的酒款。如果從這裡開始分析，
就會得到「是來自溫暖環境、屬於成熟度偏高的葡萄，可能經過厭
氧式的釀造和培養，同時已經是有點年紀的酒」這樣的結論。

第二類香氣表示年輕，第三類香氣表示成熟

　　由於葡萄酒具備各種要素，因此能在腦中盡可能處理愈多資
訊、歸納各種要素進行分析就很重要。

　　以第三款榭密雍為例，外觀看起來帶黃綠色，香氣的第一印象

感覺也很年輕。在第一類香氣部分，有像花的香氣，也有礦物類的感覺，整體留下了香氣豐沛奔放的印象；但在果香的部分，卻是清新和熟透黃色果香並存，同時還有明顯草本植物香氣，代表這是款年輕與熟成感並存的酒，或說是「既成熟又不失年輕」的狀態。

基於在第二和第三類香氣之間很難劃出明顯的分界線，因此只要記得「第二類香氣表示年輕，第三類香氣表示成熟，兩者的屬性完全相反」即可。因為實際情況往往是，很多酒不只很難區隔第一和第二類香氣，就連第二類和第三類香氣也很難區隔，所以在這個階段不需要太過糾結，未來隨著經驗愈豐富，自然能夠更好地釐清，讓問題迎刃而解。

這樣看來，如何整理情報和經驗，對提升品飲技巧來說也很重要。如果繼續分析，這款 2007 年份的酒，是在厭氧環境下釀造，也就是密閉在不銹鋼槽內進行酒渣浸泡，而且未經木桶培養，盡可能保留鮮度的釀法。因此，儘管酒已經開始逐漸成熟，但仍保有屬於還原性的年輕、鮮爽的感覺，同時兼有不同的面向。

若能牢記本區榭密雍的這種特性，那麼當未來遭遇其他榭密雍時，就更能以此經驗來印證，而隨著經驗累積，自然也能對酒有更深入的理解。畢竟葡萄酒，除了有風土氣候、葡萄品種的變因之外，還有人為的各種選擇，因此在統整第二類香氣時，也必須把葡萄園、品種、釀造工法、培養方式等諸多要素都綜合考量，才能很好地掌握酒款特徵。

分析第三款榭密雍的第二類香氣，將會得到以下結論：

- 葡萄園→壤土·砂質、黏土
- 氣候→地中海型氣候，同時夜間氣溫也不會大幅下降→完全

成熟的果實香

- 品種→蜂蜜般的香氣、兼有花朵芬芳
- 釀造→還原式釀造帶來清爽的感覺
- 培養→在厭氧環境下培養帶來香料和有深度的礦物感

雖然要做到這樣並不容易，但這些都是必須突破的關卡。

切忌為表現而表現

提到第二類香氣，儘管知道該如何使用花香或水果糖等詞彙來形容也很重要，但更重要的，其實應該是集中精神去掌握酒的整體形象。

表達的目的，是為了能掌握一款酒的特性，最終知道這是一款怎樣的酒，以及瞭解如何將酒的特色去表達給別人知道，而不是為了求表現。因此在品酒練習中更重要的，並不是去堆疊很多詞彙，而是如何按基本動作，選擇能表現酒款特色的適切語彙做有效的溝通。

相較於能讓我們直接連結到品種特色的第一類香氣，第二和第三類香氣其實是讓我們更能掌握一款酒經過怎樣的釀造和培養。也就是說，要從「掌握品種＝掌握酒的輪廓」更進一步到「在怎樣的環境、經過哪種釀造＝更細節」，因此有必要詳細分析。因此，在香氣的基本動作方面，可以總結為透過第一類香氣來掌握酒的整體輪廓之後，再用第二和第三類香氣，更進一步理解酒款細節。

品飲基本
動作

外觀

香氣

口感

第二類香氣的重點整理

第二類香氣

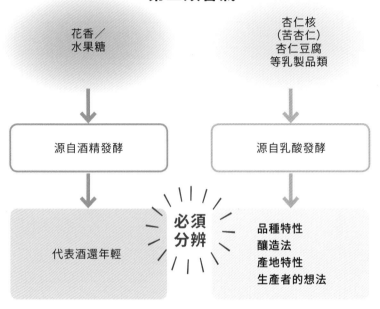

花香／
水果糖

杏仁核
（苦杏仁）
杏仁豆腐
等乳製品類

源自酒精發酵

源自乳酸發酵

代表酒還年輕

必須
分辨

品種特性
釀造法
產地特性
生產者的想法

讓練習效果更
上層樓的
重點

從第一類香氣掌握品種的特徵，
從第二類香氣判斷酒款仍年輕，
從第三類香氣掌握酒款已成熟。

＊ 編注：本表對香氣的描述，屬作者主觀意見，每個人的詮釋不盡相同，因此
僅供練習參考。

第6章

香氣的基本動作④
第三類香氣分析法

1　2　3

辨別還原和氧化、
掌握熟成香氣

用常用語彙來
彌補經驗不足

用感官來
彌補知識

掌握特殊香氣的
狀態

第三類香氣的重點：
因還原和氧化所致的熟成香氣

到目前為止，關於香氣，我們按第一印象、第一類、第二類和第三類的概略分類來介紹。但是在本章，我們將會把焦點放在「熟成」所導致的香氣。

熟成，又分為還原和氧化的兩種不同類型。儘管聽起來可能有點複雜，但是只要能夠區隔這兩者，就能有長足的進步。而本章也特別從這個角度，選擇了三瓶風格獨具的白酒，分別是白梢楠、雪莉和香檳。因為三者分別經過不同的熟成方式，放在一起比較也特別有趣。

首先，就讓我們開始品嚐第一款白梢楠。

從外觀可以觀察到，酒色雖然仍殘留有一點綠色調，但已經有黃色。香氣的第一印象是相當奔放、有濃郁的水果香氣，感覺是很直接、容易親近。如同外觀可見的，在第一類香氣部分有年輕酒的柑橘類芬芳。隨著和空氣接觸時間愈長，飄散出更多柑橘、黃桃，以及特別是香木瓜的香氣。還帶有百里香和龍蒿等新鮮香草的清爽感。

同時，這款酒也有出現明顯的花香和水果糖等第二類香氣，應該是在有良好管理的現代化設備下釀造所得。由於第二類香氣仍相對主導，因此能判斷酒齡仍相當年輕，還能明顯感覺到來自木桶的第三類香草香氣。此外，也有些丁香、肉桂等苦甜兼備的香料風味。

一般葡萄酒的熟成，又可分為木桶培養和瓶中熟成兩種。由於外觀還留有些綠色調，因此可以判斷這款酒並未經過長期熟成。其

次的重點，就要看是經過多長時間的木桶影響：由於這款酒仍能清楚地感受到水果風味，因此可以判定沒有太長期的木桶影響。如此一來我們可以斷定，這款酒應該沒有經過太長時間的培養和熟成。

遇到多種香氣要素並存時，該如何判斷？

品飲基本動作

外觀

香氣

口感

　　這款酒的香氣非常豐富，具備各種不同的要素，從略帶綠色調的外觀我們也能判斷出，它帶有豐富的第一類和第二類香氣，相較之下第三類香氣則比較欠缺。而在帶有綠色調的同時仍保持清晰黃色的外觀，也暗示這可能是泡皮的影響。

　　通常如果一款酒的酒齡不長，但卻有相對濃郁酒色時，往往也代表其果香的範圍也會較廣，比方這款酒就同時出現了從柑橘類到香木瓜的香氣，也是比較罕見的。以這款酒來說，因為酒齡還很輕，所以仍帶有柑橘類和青蘋果的香氣，而又因為泡皮，強化了品種本身的獨特果香。

　　像這樣同時在香氣範疇出現迥異香氣元素時，一般可看作「釀造上某些刻意營造」所致。

　　能在日照量相當充足的環境，做出像這樣香氣芬馥的酒，都是生產環境中良好的衛生和溫度管理兼備的證據，因此可以推論，這應該是以相當現代化的手法產出的酒。若是像一些更崇尚自然的生產者（例如：有機），可能酒就不會有如此清澈的色調，果香的感覺也會更低調，但相對可能有更高複雜度。

預設慣用語彙，以彌補經驗不足

接著讓我們進到第二款雪莉酒。

首先第一印象就是：香氣很特殊。在第一類香氣部分可以感覺到蘋果、香草植物，以及清晰的水果風味；在第二類香氣上，能感受到些許類似菊花的明顯花香；而第三類香氣，則有鮮明的新鮮榛果香，以及像是蘑菇般的菇蕈類香氣。另外，也有像是鄉村麵包、香料麵包的香氣。重點是，既有獨特的個性化香氣，也能感受到鮮明的水果風味。

當這樣碰到自己很少經驗過的香氣元素時，為了避免腦袋突然陷入一片空白，倒是不妨預先儲備一些備用字彙，否則若一直陷在不知道該怎麼形容的泥沼，很可能愈努力愈想不出來。

為了防範困境於未然，不妨可以先預想一些緊急狀況的慣用語句，例如「表面帶有一層複雜的香氣」、「感覺香氣深厚，不過像是深潛在杯底，並沒有散發出來」，只要嘴裡能吐出些什麼話來，就更能自然地連結到下一句。就像是只要邁出了右腳，左腳就自然也能順利跨步的感覺。

所以，只要先判斷香氣的第一印象是強烈、溫和、封閉還是芳香濃郁，是否複雜、濃縮。不用太刻意求表現，只要能平順地說出自己的想法，就可以了。

用腦品酒，以感官補其不足

第二款雪莉酒的酒色以年輕的黃綠色調為主，儘管整體帶有

個性化的香氣，但仍具備果實酒的清新鮮爽感。因此即便有特殊香氣，仍應按基本動作逐步進行分析。按慣例，首先是第一類香氣的果香、香草植物和香料，接著是源自發酵的第二類香氣……也就是說，品飲分析該用的是腦，因為這是只有人類才能完成的任務，只仰賴感覺的品飲無法進步，得用腦來連結經驗和知識，才能繼續向前。

　　基本上，品飲應該被視為是一種「必須用腦分析」且「以感官彌補其不足」的活動。因此，並不是為了自圓其說才去找線索，而是該用腦分析線索。比方當看到酒色帶有綠色，就代表酒齡低，接著才用感官去補充理解，如果是這種酒色的話，那麼酒體的份量感應該不會太濃重，應該是像這樣去理解一款酒，然後選擇適切的語彙形成判斷的基準。

　　大家應該要養成習慣，當在品飲過程中必須篩選各類線索時，務必要全面性地考量包括生長環境、葡萄品種、栽培方式、釀造工法、培養方式，以及目前酒的狀態等各個面向，最終做出能順利導出結論的分析。

　　以這款雪莉酒為例，就必須要瞭解酒款的特殊生產背景，才能進行分析。比方產區近海、產自屬於石灰岩的白堊土，還經過長期培養，又屬於有添加酒精，加上熟成環境中的黴花（flor，屬於細菌的酵母）某種程度上阻隔了氧氣，故屬於非氧化的培養。因此，特別在進行這些特殊類型酒款的品飲時，正確地理解所有的背景資訊（產地、釀造、培養方式等）異常重要。

品飲基本
動作

外觀

香氣

口感

構建多樣化香氣類型，以應對特殊香氣

關於這些特殊香氣，如果能建構多樣化的香氣類型來幫助辨識，也非常有效。以第二款雪莉酒為例，就帶有這種源自酵母的特殊香氣。由於受到這種被稱為黴花的酵母影響，因此不妨在自己的氣味語彙庫裡，把這些氣味設定成「麵包類」、「菇蕈類」或「堅果類」等的分類以幫助辨識。

或者像第三款的香檳，如果能夠養成用「奶油麵包」、「奶油糖」、「白松露」這三種氣味類型，來區隔香檳帶有的烘焙香氣，應該就能大大地減少尋找詞彙的痛苦，並能很容易地就理解一款酒並完成分析。另外，如果是麵包類香氣，就還能再細分為像是鄉村麵包或香料麵包；如果是堅果類香氣，也能再細分為杏仁、榛果或銀杏等。

由於葡萄酒的種類實在繁多，又難以預測，因此經常會碰到從未經驗過的酒。儘管品飲應該要按基本動作進行，但是當有新發現時，順應變化去更新也很重要，不需要太固執僵化。也就是在依循既定原則的基礎下，如果覺得有更好的方式，也應該要能隨時修正自己的基本動作。就像從事運動那樣，品飲也會隨著實力增長而調整基本動作來因應。

源自熟成的第三類香氣 —— 麵包、菇蕈、堅果

再來，我們看看第三款的香檳。

在分析香檳的時候，很重要的是須注意香檳到底是一種怎樣的

葡萄酒，要去理解香檳的背景。由於香檳會將原酒先進行第一次發酵，然後開始進入培養過程，因此或多或少會更具複雜性。比方在香氣部分，往往會在青蘋果之外，還會有蘋果塔或洋梨的風味。所以，應該要仔細地說明第一類香氣，才能凸顯酒的複雜度。

　　一提到香檳地區，就應該要理解，當地幾乎是生產葡萄酒的最北限，還有石灰岩土壤，混和不同品種的釀造，因此在香氣上可能帶有夏多內的香氣，也可能具備黑皮諾和莫尼耶皮諾的變化。

　　第二類香氣方面，由於含有氣泡，因此品香檳時能感受到還原類的香氣，也就是礦物感。此外，還有乳酸發酵帶來的像是奶油、杏仁豆腐、杏仁類的香氣。至於經過長期培養的香檳，可能還有像是摩卡咖啡或雪莉酒、香料麵包等屬於第三類的複雜香氣。因此，必須要有足夠的知識去仔細分解感知到的所有氣味，才能提高香氣分析的準確度。

　　另外在描述第二類香氣上，除了可以感受到柑橘類和蘋果類的香氣，也能感受到些微紅醋栗和礦物感，甚至帶有一些石灰類氣味，以及金桔皮，還有若干杏仁豆腐或生杏仁的芬芳。

　　最後是第三類香氣，這部份源自瓶中發酵和培養的香氣，如果用先前提過的「麵包」、「菇蕈」、「堅果」這三大類來分的話，應該是更屬於麵包類的軟麵包或吐司吧。

　　如果能像這樣從第二類香氣（礦物、金桔皮、生杏仁）進到第三類香氣（菇蕈、吐司），養成循序漸進做分析的習慣，評析一款酒應該也就不會太難了吧。

專業的分析性品飲不需要直覺

如果未能確實掌握每種酒具備哪些特性，也沒有足夠的知識和經驗累積，光憑感覺無法正確地分析一款酒。雖然直覺還是很重要，但由於在專業場合裡必須做出分析性的酒款評析，因此只靠主觀判斷是沒有意義的。不過，若是要猜酒的話，直覺很重要，如果最終又能猜中當然更好，不過僅靠直覺來猜酒，畢竟不能算是分析性的品飲，只能算是種特技。

猜酒能不能命中，更多是機率問題，而經驗愈多猜中的機率可能也會更高，所以如果經驗更豐富，確實也可能愈容易猜中。但是由於所謂的經驗法則（純屬經驗上的預測，欠缺理論基礎），仰賴的是當下的感覺和連結。就算猜對了，也不代表真正具備高超的品酒能力。

真正厲害的品飲者，往往能在很短的時間內做出結論，儘管看似只是憑藉「直覺」，其實靠的是扎實的分析能力和豐富知識，才能引導出正確的答案。

只靠直覺無法真正提升品酒能力。請務必按香氣的第一印象→第一類香氣→第二類香氣→第三類香氣的基本動作順序，並用頭腦和直覺來仔細分析。

〔 還原和氧化 〕

離子化合物也可能難以
定出是哪種氣味

在厭氧狀態（氧氣不足）
下進行釀造培養

還原氣味	還原的原因	侍酒師的應對
● 煙燻味 ● 打火石 ● 點火柴的味道 ● 火藥 ● 硫磺 ● 金屬類氣味 ● 礦物	● 抗氧化劑 　（二氧化硫等） ● 密閉狀態 　（不鏽鋼槽、金屬 　旋蓋封瓶、玻璃 　瓶） ● 酸度偏高 ● 含二氧化碳 ● 單寧含量	（侍酒注意點） 應該盡可能透過 各種方式來增 加酒和空氣的接 觸，不管是使用 特定的玻璃瓶或 酒杯，或透過調 整侍酒時機、餐 點搭配、用餐時 間等。

只要「有木桶的影響」，就存在有
氧化的可能性」

**在氧氣過多的情況下
進行釀造培養**

氧化	氧化的原因	侍酒師的應對
● 氣味 ● 木桶 ● 香草 ● 燻烤 ● 動物氣味 ● 香料 ● 碘酒 ● 焦糖 ● 果乾等陳年 　酒香	● 長期培養 ● 以新橡木桶 　培養 ● 抗氧化劑偏 　低 ● 處於氧化環境 　（開放式發酵槽、 　軟木塞封瓶、經 　攪桶）	（侍酒注意點） 應該充分考慮溫 度、使用酒杯、侍 酒方式，以及是 否更適合搭配風 味複雜的料理 （例如燉煮類、使用 風味豐富的食材，或 調味料等）

要判斷是來自素有
氧化熟成習慣的產
地，或是刻意仿效
該種風格的釀法？

要判斷是還原或氧化，又或者
屬於過度還原或氧化，或只是
特殊情況，都需要仔細分析後
才能做出判斷。

第 7 章

口感的基本動作

1   2   3

連結線索、
分析與感官

按流經味蕾的
順序分析

避免使用「很」、
「並不多」

第一印象最關鍵

口感的基本動作 ①

前段 第一印象・甜度・酒精濃度

口感的基本動作 ②

中段 酒體→酸度

口感的基本動作 ③

後段 苦味・鹹味→餘韻

將外觀和香氣分析，連結口感很重要

關於一款葡萄酒是產自怎樣的環境、用的是哪種葡萄、以何種方式栽培和釀造、當下又處於哪個階段的這些分析，透過外觀和香氣已幾可完成，而口感只是所有推論的最終確認。

不過，有時到了必須統合的最終階段才會發現，味覺判斷和先前的其他分析無法融合的狀況，有些人甚至在外觀到香氣的階段可以很好地連結，但是到了口感階段卻突然辭窮。也有些人先前的評析聽起來都像是在說一款輕盈的酒，但是一到口感，卻突然像是在講一款厚重的酒，因此在最後階段出現「牛頭不對馬嘴」的情況。

在分析口感的階段，由於會實際把酒喝進嘴裡，因此也是受到感官刺激最強的步驟，此時是否能巧妙地連結邏輯思考和感官刺激，就異常重要。

因為比香氣更容易確認，口感的基本動作尤其重要

　　話雖如此，大家也不用想得太難。比方在香氣的第一類香氣部分，有可能其實很封閉，或不一定能找得到香料香氣；此外，或許感受不到什麼第二類香氣，也可能以為是花香但其實不是，這些狀況其實都很常見。

　　至少相較之下，我們對口感的描繪，多少都是實際能感受到的、有所本的敘述。比方入口的第一印象感覺是否強烈、開闊，關於甜味、酒精、酸味、份量感、酒精、均衡，乃至於進入觸覺的餘韻、後味等，都是所有酒款必備的要素。

　　因此這裡的要點，還是打好基礎，按基本動作依序去逐步分析。比方碰到強勁的酸味或澀感，如果就被這些強烈的元素牽著鼻子走，可能就無法真正掌握口感的基本輪廓。因此，必須按液體入口流經的順序，從舌頭前端到口腔後端逐步分析，這就是口感的基本動作。

　　是以，按舌頭的味蕾構造，口感的基本動作依序是第一步的前段，包含第一印象・甜度・酒精濃度；基本動作第二步的中段，則是從酒體到酸度；基本動作第三步的後段，則涵蓋苦味・鹹味，最後到餘韻。必須按這樣的順序來評析。

用腦品酒

口感的基本動作，按前段‧中段‧後段的順序示意

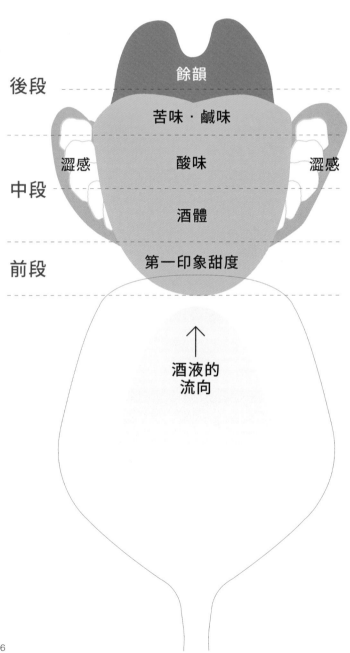

後段

餘韻

苦味‧鹹味

澀感　　酸味　　澀感

中段

酒體

前段

第一印象甜度

↑
酒液的
流向

入口的第一印象至關重要

品飲基本
動作

外觀

↓

香氣

↓

口感

接著，就讓我們按基本動作，請參加者來試著評析第一款酒。

●品飲者的評析範例 4

「入口的第一印象是相對柔軟，有很舒服的酸度，甚至能感覺一絲甜味，在口中能感覺到香氣裡也有鳳梨等熱帶水果類的香氣。餘韻偏長，感覺是一款非常清爽而且果味豐富的酒。」

　　這裡我們可以看到，該參加者果然在第一印象之後，就被印象強烈的口感吸引，所以先被酸味抓走，反而把甜味放到後面去了。實際上，酸度就像是口感元素中的亮點，所以在描述酸味之前，應該要先有「甜味柔軟，帶有濃密豐潤的感覺」這樣仔細描述第一印象以及入口的感覺。

　　然後，按照酒入喉的方向，仔細拆解流經味蕾能感受到的個別元素。比方一入口，舌頭前端最先感受到的就是關於一款酒是甜或不甜。順道說明一下，這款酒的殘糖是每公升 14.9 克（g/L）。

　　儘管每個人對甜味的感受程度各有不同，但是基本上如果每公升殘糖在 4 克以下，就屬於感受不到甜味的不甜葡萄酒；如果是香檳的話，則需要至少 6 克。也就是說，在 4~6 克是屬於感覺不到殘糖的範圍，而 7 或 8 甚至到 10 克左右，則開始稍微能感覺到甜度。雖說每個人的感官敏銳度各不相同，有人對甜味比較敏感，也有些人相對不敏感，但是只要超過 10 克，基本上就可視為「能確實感到甜味」的程度。

若能意識酒中有多少殘糖，不僅可強化品飲能力、理解殘糖數值，也能連結到更好的侍酒方式和時機。像是在餐廳裡，侍酒師可能常被客人問「這可以配甜酒嗎？」、「配不甜的酒比較好嗎？」，這時如果能確切掌握殘糖數值，或許就更有依據的標準，也更容易以最適切的甜味打動客人。否則，很可能因為想提供柔和的酒，結果卻被嫌太甜，或被嫌不夠甜。理解殘糖，是相當有必要的！

「清爽又多果香的酒」不算評析

在參加者的範例中可以看到，他用了「感覺是一款非常清爽而且多果味的酒」。然而實際上，這樣的描述不能算是對一款酒的評析，因為符合這種描述的酒太多了。也就是說，如果不能從入口的第一印象到酸度，也就是從前段到中段都盡可能詳盡地描述，最後就會變成這種陳腐的結尾。

特別是在第一口所感受到的甜味，又可以分成源自酒精濃度的份量感，和源自殘糖的這兩種不同的感覺。因此，必須一邊推敲這個甜味是源自哪裡，接著分析是屬於哪種甜味和酸味，仔細地描繪出質和量的不同。

如果能夠確實開展一款酒的評析，最終做到用三、四個關鍵字就能清楚地描繪一款酒，自然也就能很容易把酒推薦給客人。但倘若只是用「清爽又多果香的酒」來總結，恐怕客人連酒是甜或不甜都搞不清楚，更別提理解酒的特色差異，那只能算是彆腳的評析。

品飲能力若有進步，就能理解葡萄酒的多樣性

品飲基本
動作

外觀

↓

香氣

↓

口感

　　如果能夠順利地掌握口感基本動作的前半段，那麼中段和後段應該也就不成問題。比方像這樣：這款酒雖然在剛入口可以感受到甜味，但是在舌上卻是完全不甜，同時還有清爽豐富的酸度帶來亮點，伴隨著帶來黏稠感的豐潤酒體，構成整體堅實的結構，尾韻還帶有一絲鹹味。像這樣，做出會讓人聽了之後想要喝喝看的評析，就非常重要。

　　如果有人說，「大家好像都不喜歡甜酒，很難賣」，其實幾乎就等於是承認了自己在品飲能力和銷售能力上的不足。若能提升了品飲能力，應該就不會有這樣的問題，而是能向客人推薦各種不同類型的酒才對。因為葡萄酒最大的魅力之一，就是豐富的多樣性，所以還是應該努力，去盡可能應對各種不同的需求。

該用哪裡去感受酒精濃度？
又該用哪種方法感覺？

　　關於感受酒精濃度的方式，有下列幾種。可以是在舌尖或舌頭前端所感受到的，像是辛辣的刺激感，又或者是在舌頭的中央部分能感覺到的灼熱感、口感的厚度或份量感，以及餘韻所殘留的灼熱感。

　　至於酒精濃度，最好是能以數值來表示。因為確切的數字可以很容易發現錯誤，也就帶來很多修正錯誤的改進機會。比方如果只是說「稍微有點強」，那有可能是 13 度、13.5 度或 14 度；但是如果

說是 13.5 度，但實際上卻是 14 度的話，那馬上就知道是自己的錯誤，而可以依此來修正自己高估或低估的感覺，因此應該確切地以數字來描述。

如果能夠習慣以「13 度」來作為判斷的基準，一旦熟練，就

酒精濃度示意

度數	描述
14度	略灼熱
13.5度	強
基準 → 13度	稍強
12.5度	均衡度佳
12度	柔和

能很快判斷是低於或高於基準，自然也就能精確地掌握實際的數值了。再更詳細一點，通常從 13.5 度開始會略有灼熱感，超過 14 度的話更會感覺到較強的刺激。12.5 度一般是讓人感覺舒服的相對均衡狀態，低於 12 度的話就會感覺輕盈、清淡。

　　當然，這部分畢竟還是存在著個人的感官差異，因此在過程中，也不妨參照自己的判斷和結果，持續累積經驗。

品嚐可能含有殘糖酒款的訣竅

　　再來，讓我們進到第二款德國麗絲玲。

> ●品飲者的評析範例 5
> 「入口感覺非常溫和柔順，能感到些許柔和的甘甜，還有鮮爽、帶來收束感的酸度。酒體的份量適中，感覺柔軟。餘韻感覺也很俐落。」

　　在品飲像這種可能含有殘糖的酒款時，一入口，不妨試著讓舌尖率先觸碰到酒液，這時如果能感覺到甜度的話，就能很容易地判斷是屬於含有殘糖的酒。

　　第二款的這隻德國麗絲玲，由於殘糖是 7.5 g/L，屬於甜和不甜的灰色地帶，但如果以德國的標準來看，應該歸為不甜類型。只是在論述時，如果能在說明「能感到些許因殘糖帶來的甜度」的同時，搭配實際的數值一起解說，聽者也會更容易理解。

　　另外，這位參加者還用了三次同義的「柔順、柔軟、柔和」，這裡也必須加以修正。理論上，這款酒和第一款酒的香氣印象有明顯

右側邊欄：
品飲基本動作
外觀
香氣
口感

差距，但兩者的第一印象卻都被形容為「柔和的甜味」這點也必須再深究。

　　還有一些用詞方面的問題，例如，相較於具有濃郁果味、豐潤又柔和的第一款酒，第二款酒以礦物感為主，呈現出更清涼透明的感覺，同時還帶有些許香料。因此在用詞上，用像「入口輕柔，雖然帶有柔和的甜潤感，但其實是不甜的」來描述是不是更好呢？

　　依序描繪出「前段輕快帶有甜味」的第一印象，緊接著是「清爽還帶著豐富的酸度」，如此就能很流暢地完成從前段到中段、後段的整體口感敘述。如果能像這樣架構出愈流暢的評析，也就愈能增進對酒的理解。

用「前段、中段、後段」三階段來表現口感

　　口感分析的基本動作可以拆解為三個階段：第一階段的前段，代表入口的第一印象；第二階段的中段，則代表酒入口之後擴散的感覺；第三階段，也就是後段的餘韻。

　　必須確實地去掌握酒在各階段的表現，找出哪個階段才最展現出酒的特色，然後透過強調這一點，才能在評析中很容易地掌握酒款性格。

　　另外很重要的是，要能在日後重讀自己的評析時，能夠清楚地回想起這是哪種味道。比方如果是「入口輕柔，有鮮爽的酸度，酒體中等，餘韻明快」這樣的描述，恐怕很容易就會和其他許多酒混淆。為了避免前述狀況，務必盡可能在每個階段都更仔細地去找出重點，做出更好的評析。

在本章，我們先集中精神處理該如何拓展第一階段，也就是前段、第一印象的分析。因為如果碰到白酒，大家很容易就只注意到酸度；如果是紅酒，精神就只集中在單寧。因此要特別提醒，在判斷酸度和單寧前，應該要先集中精神，去感覺第一口的強弱，以及酒所帶來的到底是哪種第一印象。

用甜酒來練習，確實掌握甜度和酒精濃度

緊接著，讓我們進到第三款格烏茲塔明那。

> ●品飲者的評析範例 6
> 「入口感覺非常輕柔，第一口的印象相當輕快。屬於沒有甜度，但卻相當新鮮的口感。酸度部分也是，能感到非常清楚的細瘦酸度，還伴隨些許礦物和苦味。在餘韻中也能感受到鮮明酸度，整體略帶有華麗的感覺。」

這樣循序漸進從第一口開始，然後依序進到中段、後段的評析，整個聽起來就非常流暢，同時聽完之後，也勾起人想喝喝看的慾望。所以關於一款酒的評析，其實應該是像這樣「第一印象最關鍵」而不是「結尾好就好」。

不過，這款酒的評析也有需要注意的點，那就是：整體似乎朝著「輕快」的方向在發展。

由於格烏茲塔明那，往往因為濃厚的荔枝香氣和各種黃色果香，常被認為都是帶有甜味的。實際上，卻也有很多不含殘糖，就像這款殘糖只有 3.4 g/L 的酒，其實是完全沒有甜味的。因此，大家

很容易因為酒不如預期的有甜味，就拼命朝「不甜、清爽」的方向走，但是實際上這款酒有 13 度的酒精濃度，所以其實應該也要提及這部分的力道才是。

在第三款酒的評析部分，其實應該要強調的是，這款酒幾乎是和第二款的不甜麗絲玲相反，儘管香氣帶有柔和的感覺，入口也不覺甜度，狀似輕快，但實際上卻是一款有著結實酒體的酒。

第一印象最關鍵

從這次所選的酒款不難發現，那些在一入口就能感受到甜度的酒，其實是訓練味覺的絕佳選項。此外，即便感覺上，三款酒都有類似的第一印象也都帶甜味，但實際上，仍然必須透過評析，明確地釐清彼此之間的風味差異。

如果是不甜酒款，由於第一印象感覺或許較不明顯，因此必須訓練自己要能清楚地去掌握「入口的強弱」、「整體的第一印象」以及「甜味」這三方面。基本上，由於日本人對酸度較為敏感，因此幾乎下意識就能感覺酸度。也因此，反而容易忽略入口的第一印象，因此必須特別注意。

一般的品飲，往往會從不甜酒款開始，這次我們卻刻意採相反的安排，大家是否也更容易正確地掌握前段酒精和殘糖的表現呢？儘管已經多次提及，但是只要口中有酒，就請回想起這句話：

「第一印象最關鍵。」

用腦品酒

外觀、香氣和口感的評析順序

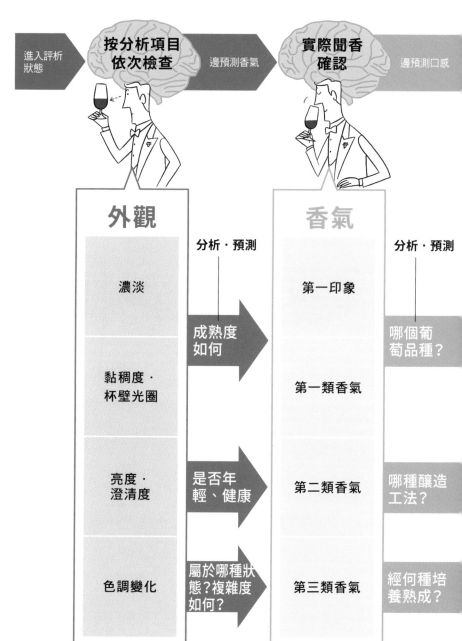

| 進入評析狀態 | 按分析項目依次檢查 | 邊預測香氣 | 實際聞香確認 | 邊預測口感 |

外觀

分析‧預測

| 濃淡 |
| 黏稠度‧杯壁光圈 |
| 亮度‧澄清度 |
| 色調變化 |

成熟度如何

是否年輕、健康

屬於哪種狀態?複雜度如何?

香氣

分析‧預測

| 第一印象 |
| 第一類香氣 |
| 第二類香氣 |
| 第三類香氣 |

哪個葡萄品種?

哪種釀造工法?

經何種培養熟成?

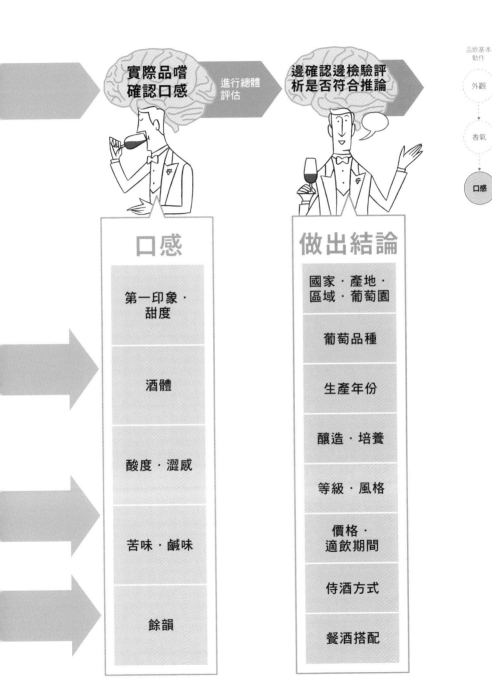

第 8 章

如何分析酸度

1   2   3

不能用「鮮爽的酸度」
就打發一款酒

是否經乳酸發酵大不同

不濫用果實風味

用感官來確認以資訊＋
知識建立的預測

酸味要從「量、質、持久度」三方面來掌握

本章品嚐的是三款夏多內。儘管本次的重點是放在分析酸度，但仍會按外觀、香氣的順序進行分析，之後才連結到口感，最後聚焦在酸度。因此希望大家能仔細考量，關於各種可能會影響酸度的要素，例如：產地的日照量和氣候等。

感受酸度時，不妨飲入約一茶匙的量，並且在讓酒液遍及舌頭中央和口腔深處，特別是舌頭兩側部位後盡快吐酒。否則接觸太久反而容易造成味覺麻痺，無法正確掌握酸度。

就讓我們從第一款酒開始，按基本動作依序從香氣到口感來進行分析。

● **品飲者的評析範例7**

【香氣】

＊第一類香氣→黃色果實，甚至是有些煮過的糖漬水果和蜜的感覺。

＊第二類香氣→並沒有任何顯著的氣味。

＊第三類香氣→肉桂、香料，以及些許新桶的風味。

【口感】

＊前段→入口感覺味道豐腴強勁。

＊中段→有高酸支撐酒體，在口中非常滑順地擴散開來。

＊後段→在最後略感覺苦味和香料風味，儘管酒體豐腴，但結尾卻完全不帶甜味。酒體飽滿結實，酒精濃度應該在13.5~14度左右，餘韻持續時間約為5~6秒，甚至更長一些。

從上述的評析可以看出，這裡對口感的分析基本上算是很到位。但是在香氣部分，卻做出了「可能未經乳酸發酵而帶有較尖銳酸度」的預測，然而實際上由於酸度並不尖銳，因此應該要修正成「經過乳酸發酵的圓熟酸度」這樣的評析比較恰當。此外，從入口的豐醇感覺和濃郁的酒體，都充分表現出這是一款來自南方的酒，同時帶有較柔和的酸度，加上馬貢產區地處布根地南部，因此屬於半地中海型氣候。

　　而在餘韻的部分，可以檢查看香氣是持久，還是很快就模糊消散。在判斷酸味時也和澀感一樣，不能只分辨出類型，還應該去區隔質、量，以及持久度的差異，更不能只用「酸度鮮爽」就打發一款酒，因為這樣的話，每款酒就都一樣了。在評析時也要務求仔細，善用各種不同的形容詞來描繪，比方銳利、鮮爽、細緻、滑順、柔和、圓潤等。

　　另外，在感受酸度時，從感覺到酸度起的那一刻起一直到餘韻，都要注意酸度和其他風味要素之間的交互影響所產生的變化。比方是只感覺到突出的酸度在勇往直前，還是和其他元素交織出不同感受。必須要從酸度的質、量，以及持久度共三個階段來看，才能在評析中做出更具立體感的描繪。

　　至於到底該如何感受酸度呢，儘管酸度只要酒一入口就能感受，但最好不要立刻就開始想著去描繪，而是最好意識到「要把酸度放到中段以後」，等到順著口感的基本動作，依序完成第一印象、甜味、酒精之後，才來分析酸度。

「水果風味」無助於分析

接著讓我們來看第二款酒的評析。

●品飲者的評析範例 8

「入口感覺相當有力，整體帶有鮮明且持續的葡萄柚類果香。沒有甜味，屬於不甜的酒。酸度感覺相當刺激鮮爽。有些許苦味，明顯的強勁酸度一直持續到最後。餘韻頗長，約有 6~7 秒。這是一款帶有豐富柑橘類水果的不甜酒款。」

這段評析，看來就比較像是想到什麼就說什麼。

如果入口的第一印象很強，但是又沒有甜味，那讓人印象強烈的是什麼呢？儘管一直提及入口的感覺強勁有力，但是實際上這段評析的焦點，卻更集中在葡萄柚的果味，以及酸度帶來的感覺，所以並沒有讓人感受到有什麼深刻的第一印象。

此外，所謂的「水果風味」，嚴格來說並不是分析品飲中的要素，因為我們的目的，其實是要去分析這些果實風味。而且，在我們的味覺當中，也並沒有所謂水果風味的項目，如果太頻繁地使用「清爽多果實風味」這樣的描述，不僅難以辨識出每款酒的個性，濫用「果實味」這種形容，也會讓所有的酒都感覺是同樣的酒。因此，在使用所謂的果實風味時，不能每種酒都拿來用，而是要在當香氣和口感的組合中，出現真正鮮明水果風味時，才適當地加以運用。

由於第一印象的要素基本是甜味，接著才是酒精的印象，然後依序是酒體、酸度、觸感、苦味到餘韻，要像這樣按前段、中段、後段的順序依序走完，最後要表達給他人理解時，「這是一款帶有鮮

明柑橘類水果風味的不甜白酒」這樣的用法才能成立。如此反覆審視自己的評析、找出可能有的慣用語是很必要的，因此，就這個層面來說，寫下自己的評析也有助於提高訓練成果。

是否經乳酸發酵，影響酸的「質」

　　當提到該怎麼描繪酸度，很多人可能會想到「刺激鮮爽」，但這其實表現出的只是酸味的觸感，而我們真正該做的，其實是描述「酸味的味覺」。第一階段可先描述關於酸度的「量」是偏高還是偏低，第二階段描繪酸的「質」。例如，假使經乳酸發酵，酸度就會感覺柔和溫潤，若未經乳酸發酵，則會更偏尖銳鋒利。最後則是第三階段的「持續性」，看酸度的表現是短或長。

　　因此，是否經乳酸發酵，便是這裡的判斷重點。如果未經乳酸發酵，酸味感覺就會更鮮爽鋒利；若是經乳酸發酵，則會有柔潤的酸度表現。由於乳酸發酵可以是判定產地或品種的重要變因，因此，務必要確實掌握酸味的質地。不妨多用白蘇維濃或麗絲玲等不經乳酸發酵的酒來進行品飲練習，就能提升對這類風味的熟悉度。

　　酸度其實相當複雜。舉例來說，有些生產者刻意不做乳酸發酵，是因為「處在較熱的環境，而過熟的葡萄往往容易欠缺酸度，因此故意不做乳酸發酵，希望能讓酸度維持在較高水平」。但是，由於酒本身的蘋果酸含量較低，儘管酸度的感覺是偏鮮爽銳利，但是如果忽略了含量偏低的事實，就有可能會誤認為是來自涼爽區域的酒。

　　因此一款酒是否進行乳酸發酵，其實牽涉到葡萄酒產自哪種環

境、具有怎樣的特徵，生產者又抱有怎樣的意圖，這些都必須納入考量才行。這也是為什麼我們說：

「用腦品酒」，其實是蘊含這些知識和經驗。

小心混淆酸的「質」與「量」

第二款酒由於第一印象不如第一款酒來得強烈，且口感不甜、酒精濃度不太高，酸度上雖然爽口但也並不多。所以，如果沒有掌握住「雖然酒精濃度不高但酸度的份量也較少」的要點，就有可能會誤判。

因此在判斷酸度時，為了不混淆酸的質和量，有必要分別使用味覺和觸覺，來清楚區別這兩部份。儘管從酒質資料或其他情報可以做出概略的預測，但最終還是需要用感官來確認；也就是先掌握資訊和知識，用腦做出預測，然後再實際運用感官確認預測是否正確。

透過第二款酒的口感，我們可能一邊思考酒款是否經乳酸發酵，回頭看香氣時卻又找不到像是杏仁豆腐或杏仁香甜酒的香氣，然後因為帶有些許的礦物感，因此可能聯想到屬於涼爽氣候的石灰岩土壤的產地，沒料到實際上竟然是在不銹鋼槽發酵的金屬旋蓋酒款。

由於酸度確實是個深奧的主題，這裡說明得也相對複雜甚至或許難解，還希望大家能盡量跟上。

所以要像這樣，有能力設想各種不同的可能性，並且從錯誤中學習，不斷提高自己的經驗和知識。像這樣的夏多內比較品飲，是

酸味質地分為兩種

爽口的 酸度	柔潤的 酸度
▶ 涼爽環境 ▶ 源自蘋果酸的酸味 （未經乳酸發酵）	▶ 溫暖環境 ▶ 源自乳酸的酸度 （經乳酸發酵）
銳利 鮮爽 活潑 細緻	滑順 柔和 圓潤

份量感

持久度

可以聚焦在酸度上的好練習。尤其是夏布利產區，更是最適合的品飲選項；就算是較高的等級，也能在保有酒體份量的同時，維持很好的酸度。因此，如果能很立體地描述出一款夏布利的酒，那麼應該就算是有優異的品飲能力。

口感，是確認外觀和香氣推論的終點

最後我們來看看第三款的夏布利。

入口的第一印象是愉悅的中等程度，不甜，由於一開始就能感覺豐富的酸味，因此讓酒體顯得均勻、苗條。儘管酸味相當豐富，但卻沒有深入喉頭的感覺，因此可以判斷是經過乳酸發酵。柔和的酸度，和些微的苦味構成整體收束的印象，並且與礦物感一起，在後半段感覺愈為突顯，餘韻則柔和地留有清爽草本植物和柑橘類的舒爽感覺。

這三款酒，確實相當適合用來聚焦於酸度的品嚐。

第一款酒稍具收斂性的鮮活酸度，巧妙溶入帶有厚度的酒體。甚至在餘韻部分，都隱約帶有像蜜的感覺，就像成熟的阿爾巴利諾或灰皮諾那樣，會在餘韻像是慢慢地降低音調。

相較之下，第二款酒雖然酸的份量略高，但卻感覺滑順，連在餘韻都可以感受到綿延不絕的酸度。因此，關於持久度的評析也相當重要，否則這款酒就會只是一款小巧不甜，狀似無聊的酒。而實際上，酒體和酸度卻巧妙地持續良久。

至於第三款酒，就像一般等級愈高的酒，愈能兼具絕佳的葡萄

成熟度和飽滿酸度那樣。根據第三款酒的表現，我們也能從濃郁的
酒體和飽滿的酸度，判斷出這是一款相當高水準的酒。

判斷酸味的量是「豐富」或「不明顯」，判斷酸味的
質是「清爽」或「柔和」，判斷酸味的持久度是「長」
或「短」，依序進行分析。

第 9 章

如何分析澀感

1   2   3

從牙齦來感受澀感

分別掌握澀感的質和量

「均衡度佳」必須小心慎用

先按基本動作，從外觀開始

　　本章我們將會聚焦在品嚐澀感。由於這已經是品飲練習的最後階段，因此不用著急，讓我們再次從外觀開始邊想像一款酒的漫長旅程，邊按基本動作的順序依次進行。

　　●品飲者的評析範例 9
「外觀明亮具有透明感，酒色部分，屬於帶有淡紅色調的紫色，黏稠度略高，判斷應該是來自涼爽產區的酒。酒精濃度稍高，應該有 13 度左右。香氣部分，一開始有紅色莓果類香氣，接著還能感覺到黑醋栗、藍莓，甚至是糖漬水果般的甜味。此外，也有紫羅蘭、樹皮、香草和木桶的芬芳。這是一款以第一和第二類香氣為主的年輕鮮爽酒款。」

　　可以看出，這位參加者已經具備了從外觀到香氣的分析能力。首先，主觀得到的第一印象，會先成為一個基準。到最後說明「這是一款怎麼樣的酒」時，關於這個「怎麼樣」的部分，我們希望追求的極致是，能用三或四個形容詞來精確地描繪出這是一款怎樣的酒，比方是清爽、多果香、迷人等。積極參與研討會、多舉辦品飲會，多聽其他人是怎麼評析，應該都有助於累積詞彙。而隨著語彙的增加，也就愈容易確立自己的判斷標準。

掌握澀感的強弱、質、量和持久度

接著來說明澀感。

澀感，應該用牙齦來感受。這是因為澀感不容易在舌上或上顎感覺，而牙齦倒是相對敏感。另外，由於酒精、酸味、澀感等刺激持續發生的話，感官都會變得相對麻痺，因此要在瞬間掌握澀感帶來的刺激，應該要盡快完成這個動作，避免酒在口腔停留太久。一般會先將約一茶匙份量的酒液飲入口中，讓酒先從舌尖流往喉頭，再像是鼓起臉頰般將酒液帶回舌尖。

至於澀感分析的重點，不只要看澀感的強度和份量，還要掌握質地，是屬於堅硬、具收斂性、質地細膩、天鵝絨般或絲滑等，盡可能聚焦在「感官表現」和「持久度」，重構細節。

也就是說，澀感的重點是必須分成強弱、份量、質地三個階段來分別掌握。

餘韻也是，不是只判斷長短就好，還要辨明是香氣或口感，說明到底留下的是些什麼。如果能把從入口的第一印象到酒體、餘韻的整段過程，很完整地像是描繪體形外貌那樣，用圓潤、多肌肉、苗條、緊實等立體的詞彙呈現，那麼就能將一款酒的特色、產地特徵明確分類。儘管仰賴的是感覺印象，但是能立體呈現出一款酒樣貌的評析，才是理想的評析。

澀感的量

多 ←─────────────→ 少

澀感的質

粗 ←─────────────→ 細

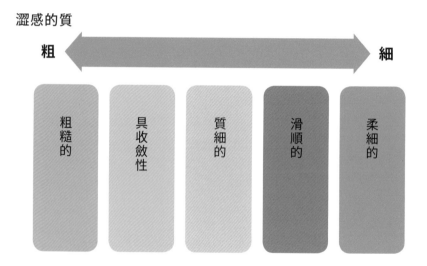

粗糙的　具收斂性　質細的　滑順的　柔細的

極優質的澀感

年輕 ←─────────────→ 熟成

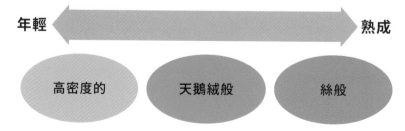

高密度的　天鵝絨般　絲般

澀感量少，不代表就柔順絲滑

　　第一款的羅亞爾河酒，具有涼爽氣候的特徵，除了豐富的酸度之外，後半出現的苦味同樣讓人印象深刻，但也能感受到相應的、像是骨架結實男性那樣的澀感。如果從酒色的明亮程度，判斷應該不是來自有特別豐富日照、足以形成圓潤澀感（充分成熟）的產區，那麼在這裡就應該做出澀感堅實，而非澀感強烈的結論。

　　換言之，關於澀感，更應該要能在分析過程中運用「質」而非「量」，才能在最終判斷中派上更多用場。比方這種澀感，就是南邊的酒所沒有的特徵。

　　像這樣清楚判別澀感在質與量的不同，量少不代表就是柔順絲滑，即便澀感的量不高，也能是屬於男性化的強勁澀感。因此掌握品嚐澀感的難處和趣味，就在於是否能透過質與量掌握立體的印象，最後再加上持久度，讓整體能以「四度空間」呈現。

決定澀感質地的重點在於……

　　雖然我們知道第一款酒的主要品種是卡本內弗朗，但是讓我們來想想看，它的酒澀感是從何而來。

　　由於外觀是明顯的亮紫色，可以推估應該是經不銹鋼槽低溫發酵。特別是，酒還有明顯的屬於第二類香氣的花香，代表酒是在「厭氧環境」下進行釀造。基本上，「厭氧環境」代表不鏽鋼槽，也就是並非在氧化環境下進行釀造，至於所謂的「氧化環境」，代表是在傳統的水泥槽或木桶（開放式發酵槽），在有氧的環境下進行釀造培

養，這也會影響澀感的質地。

帶有紫色的色調、第二類香氣的花香、豐富的酸度，綜合這些線索，可以得出「涼產區葡萄酒」的結論，並可按此結論再推斷可能的葡萄品種。像這樣仔細地掌握澀感的強弱、質、量，以及持久度，再綜合從外觀和香氣得到的各種線索，就能判斷澀感的特徵，到底是來自產地、葡萄品種，還是釀造或培養的哪一個階段，然後再適切地用感性的表現來傳遞這些資訊。

理想的評析是，所用的每一個詞彙都要有意義。如果只是因為強勁，就說是「粗糙」，只是柔和，就說是「絲緞般的」，這樣就太浮面了。要能理解，這是某種程度在涼爽氣候產區（不過熱），用成熟度絕佳的葡萄所做的酒，因此在澀感中帶有清爽的感覺。

不能僅憑木桶燻烤香就做出判斷

讓我們進到第二款酒。

如果以加州酒的前提來看，這款酒的酒色並不算太濃。可以感受到充分成熟的卡本內蘇維濃的水果風味，以及夾雜的些許薄荷類香氣。此外，還有一些優質木桶帶來的香草和丁香等芬芳。根據酒質資料顯示，這款酒是在法國橡木桶經過 21 個月的培養。

儘管香氣帶有黑色水果果醬般的香氣，但實際上又沒有果醬那麼強。如此一來，就更增添了許多選項，比方可能雖然有足夠的日照，但是屬於相對涼爽的氣候區，又或者可能是在厭氧環境下進行釀造等。如果能夠某種程度限定產區範圍，就很容易在此基礎上去推論出品種和釀造方式等，因此從平日就養成累積葡萄酒產地特徵

相關知識的習慣，尤其重要。

　　但如果只因為帶有強烈的木桶香，就對一款酒進行性格推論，感覺就太武斷而且過分仰賴感官了。

　　千萬切記，必須「用腦品酒，用感官補其不足」。

「均衡度佳」不算掌握酒款特色

　　再來看看第二款酒的口感。

> ●品飲者的評析範例 10
> 「入口的第一印象頗強，因為較高殘糖和酒精帶來甜味，同時還有柔軟的感覺。這是一款酸度和甜味達到絕佳均衡的酒。餘韻也長，甜味、酸度和酒體勢均力敵，所有要素構成絕佳均衡。澀感雖然量頗高，但整體已經相當融合，感覺圓順。」

　　可以看到，「甜味」出現了三次，這樣可能會讓人誤以為這是款相當甜的酒，因此在用詞上必須特別注意。實際上，該酒款的酒精濃度是 13.5 度，可能並沒有想像中來得高，甚至連香氣也是，儘管足夠豐富但卻並未過於濃烈。

　　這裡的參加者還用了「均衡度佳」，但如果是這樣的話，聽的人可能就會質疑：一開始強調的甜味，又是怎麼回事？因為卡本內蘇維濃，是一種可以相當成熟但仍然保持絕佳酸度的品種，但是在這裡，評析中卻沒有點出品種的特色，反而用了讓所有酒都趨於同化的詞，因此在使用這樣的語彙時，必須特別注意。

　　此外，關於「礦物感」和「均衡度佳」，雖然聽起來像是很有功力的老練語彙，但如果使用過度，就很容易反而落入陷阱。因為大家往往會在弄不清楚到底是什麼味道的時候，才會用到礦物感，總把「均衡度佳」掛在嘴上，也很可能只是因為愈來愈難以立體地掌握口感，所以務必要慎用這些詞句。

從牙齦來感受判斷澀感

　　接著讓我們來看第三款酒。

●品飲者的評析範例 11

「酒色屬於淡的紅寶石色，稍微帶有一點橘色調。從酒色判斷，感覺可能是來自涼爽產區，稍微比較成熟的酒。濃稠度感覺並不特別濃。香氣的第一印象是比較沒那麼奔放，帶有一些草莓，並且也有一些土壤類的香氣。」

　　首先，如果外觀已經觀察到較成熟的跡象，在香氣部分，就應該特別聚焦在第三類香氣。另外關於酒的培養，又可以分為木桶培養和瓶中熟成兩方面，如果是木桶培養，那麼就要看用的是小桶或大桶、法國橡木桶還是美國橡木桶、新桶或舊桶，又或者比例如何等，都有不同的特徵。然後，不妨在慣用的評析語彙上，也建構出屬於自己的標準，比方如果是舊桶可以用荳蔻、肉桂、樹脂類或香料類等；新桶的話不妨用香草、可可等更屬於熱帶種子類；如果是美國橡木桶這種內酯含量較高的桶，則不妨用椰子等來詞形容。

　　這些內容或許相對高難度，但還是希望大家能盡可能地多累

品飲基本
動作

外觀

香氣

口感

積。既然是「用腦品酒」，想提升品飲能力，當然也必須累積足夠的相關知識。

最後讓我們來看看口感。當我們把酒液含在嘴裡，然後把注意力完全集中在感受澀感，並且在酒液接觸牙齦後立刻吐酒的話，就能感受到第一和第二款酒都沒有的，帶來收斂性的一陣澀感。這裡的重點是，為了避免葡萄酒在口中停留太久造成感覺麻痺，只能讓酒在口中作短暫的停留。這款酒基於品種特性，而有持續很長的澀感。

從酒質資料得知，這是一款經過長期泡皮，和高度萃取酚類物質（即澀感來源）釀成的酒。儘管巴羅洛一般往往有更結實陽剛的男性印象，但這款卻帶有明顯甜味，感覺圓融。由於澀感很容易受到其他味覺要素的影響，而牙齦恰好是不會受到其他味覺影響的部位，因此很適合用來正確地感受澀感。

這款酒的特徵是，帶有動物、土壤，以及黑色菇蕈的香氣，並且還能在味覺的餘韻部分，感受到若隱若現的像是鐵、動物肝臟等野生氣息。

> 切莫心急，記得從外觀開始，慢慢想像一款酒從出生到今日的種種旅程，按基本動作一步一步掌握線索，做出判斷！

讓練習效果更上層樓的 **重點** 在分析澀感時，記得按澀感是強是弱、份量是多是少、質地是否柔和的順序依序分析。

關於口感均衡的表現

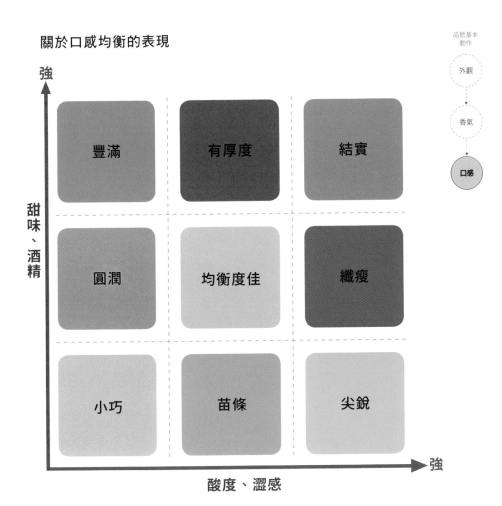

第 10 章

如何分析餘韻

1   2   3

餘韻的長度
代表酒的價值

酒精的份量感
＋
均衡度
＋
澀感程度
＝餘韻

餘韻＝葡萄酒的最終評價

餘韻，是口感後段的最終站，也是決定葡萄酒品質和特徵的最重要因素。

能某種程度確實評論澀感和酸度的人可能不在少數，但是卻沒有多少人能充分掌握均衡、份量感和餘韻。此外，相較於更容易循序分析的外觀和香氣，味覺卻是以主觀感覺為主，因此也難免充斥抽象性的說明。

事實上，均衡度和香氣、甜味、酸味、澀感，同樣都是能決定一款酒性格的要因。因此，在提到均衡度時，切忌只以「均衡度佳」就一筆帶過，而應該仔細描繪實際上能展現出釀造工法、產地，甚至年份線索的酒款均衡感。

此外，餘韻的長度更代表酒的價值。甚至可以說一款酒的價值，其實幾乎就取決於餘韻。因為任何高價且具陳年潛力的酒，幾乎都有綿長餘韻，這也是亟需注意的重點。

儘管目前的各種種植研究、釀造技術都有長足的發展，打造出酒色深濃、香氣豐富的酒也並非難事，但是卻仍然難以人為地去加長餘韻。而那些和餘韻同時出現的風味，也會是一款酒的最大特徵，特別是在需要講述給他人理解，或者考慮相關的料理搭配時，也會成為重要關鍵。

掌握葡萄酒的立體架構

首先來品嚐第一款酒。

這裡從外觀和香氣應該掌握的，首先是葡萄的成熟度相對偏高，以及帶有較多屬於年輕酒的香氣。充分成熟的果實芬芳尤其讓人印象深刻，是一款兼具濃縮感和清爽感的酒，推估應該是屬於現代化的釀造。

　　接著進入口感。特別要關注的是在口中感受到的份量感（結構和質地），以及是以何種方式在口中擴散。由於份量感可以直接連結到葡萄的成熟度，而成熟度又受日照量和溫度影響，因此可以將從外觀和香氣所得的各種資訊，一起連結到份量感來判斷。

　　入口的第一印象相對偏強，黏稠度和酸的份量較少，在口中也似乎有較收斂的苦味，使得酒液在口腔擴散時，並不特別開闊，而似乎是更呈橢圓形往橫向發展。所謂「酒液在口腔的擴散」，不妨可以用形體來掌握，將會更有助於抓住一款酒的特徵，比方是呈球狀或者後半可能更收束之類。

　　因此在描繪這些樣貌時，應該避免只用「頗有份量感」、「頗強」、「小巧」來形容，而應該要讓自己更能用實際的立體架構來掌握一款酒。

用能吸引聽者的關鍵字，傳達葡萄酒魅力

　　接著來看第二款酒的口感份量。

　　在這裡，要能將份量感、澀感、酸度這些味覺要素，從點連成線、用線構成面，最終得出一款酒的口感型態，是屬於大中小的哪種形狀，同時觀察味覺的持久度。可以感覺澀感的顆粒頗細，且充分和水果風味融合，因此並未在牙齦上造成明顯的感覺，但卻像好

酒那樣，其實是量多質優，而且已經和酒充分融合了。事實上對侍
酒師來說，相較於酒款的價格高低，澀感是否融合，以及酒款在當
下的均衡感，才是葡萄酒銷售和服務都必須考量的重點，因此仔細
地分析澀感非常重要。

　　第二款酒，是來自地中海型氣候的隆格多克產區，以格那希和

一張圖看懂如何掌握餘韻

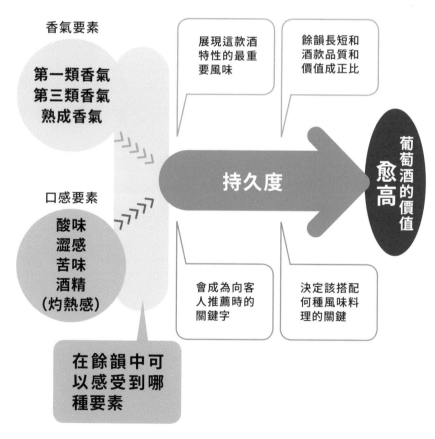

希哈品種為主，雖然酸味和澀感都有一定的含量，但其實在口中卻顯得緊密細緻。餘韻也相當綿長。酒標上所標示的酒精濃度，是比第一款酒低一度的 13.5 度，儘管只差了一度，但在整體印象上卻有相當差距。感覺是一款精巧、複雜、細緻的酒。

　　像這樣的一款酒，如果只用「均衡度佳」來形容，就無法彰顯出和其他酒的差異。但是如果能用「纖細精巧」來描述，這種不同於南部產區多數酒的印象特徵，或許就能引起聽者的興趣，所以應該盡可能在評析中加入像這樣的特點。

餘韻，是傳遞葡萄酒價值的終點

　　第一和第二款酒，都是來自風土絕佳、擁有豐富日照的南部溫暖產區，算是在這些葡萄酒很容易顯得粗獷樸陋的地區，釀得很成功的範例。兩款都是來自最高評價的產區。

　　最後的第三款也是相當典型的酒款，無論是外觀、香氣、口感，都能帶來很好的享受。就讓我們把重點放在餘韻，來好好地品嚐看看。

　　這裡的重點是：構成餘韻的其實有三點，分別是酒精帶來的份量感，整體的口感均衡，以及澀感的程度。在第三款酒，可以感覺由酒精和細質澀感組成的均衡口感，在餘韻中綿延。而這綿延不絕的口感，正是綿長餘韻的明證。

　　儘管在餘韻，也該試著捕捉香氣和口感兩方面的元素，但是在實際描繪時，卻不需要總是兩種並用，而可以在評析中只取印象較強烈的那一種提及。相較於第二款酒，第三款酒的酸味和澀感都明

品飲基本動作

外觀

香氣

口感

顯更持久，餘韻中由木桶和果香所構成的愉悅感，也成為比味覺要素更令人印象深刻的標記。一開始感覺清爽，但卻很快就消退的酸度，則代表餘韻較短。

如果是入口的第一印象就有鮮明酸度的酒，餘韻則可能有長有短，但倘若是像第三款酒這樣，酸味和澀感都從中段開始延伸，使得口感得以呈縱向發展，那就是能綿延到餘韻的典範，果然是波爾多。

再次從頭到尾，完整評價一款酒

參加者當中，有人提出這樣的疑問：「波爾多當中具有收斂性的年輕酒款，可以說他們有綿長的餘韻嗎？」關於這個問題，可以從兩方面來看。

如果是看酸度，那麼雖然可以算是綿長的餘韻表現，但如果是過於刺激的酸味，也可能是有酒質異常的狀況。至於澀感部分，具有收斂性和餘韻綿長是兩回事。因為有可能是還不成熟，也可能是因為使用本身澀感就很豐富的葡萄品種，才導致有較強的收斂性。另外，那些品質很普通的大量生產型酒款，也可能有強烈的澀感。

因此，收斂性和澀感的豐富與否，應該分別來看。有沒有收斂性，並不直接和餘韻的長短相關，只感覺明顯的收斂性，好像口腔裡都變得乾澀起來的這種酒，並不能稱為餘韻綿長。因為也有些酒就算沒有收斂性，但卻能感覺到豐富細緻的澀感，仍然可以算是餘韻綿長。另外，在餘韻中像是源自酒精的灼熱感也是如此，所以應該把灼熱感和收斂性，這些更屬於觸覺的感官和餘韻分開來理解會

更好。

　　就像我們一直以來的說明，外觀和香氣需要用腦來分析，但是味覺卻是仰賴感官，所以反而難以進行分析，也可能導致難以做出最終的結論。

　　如果想讓難以判斷的部分變得簡單，就必須建構屬於自己的模式。例如，假設在餘韻部分做出「細緻的澀感」或「直接的酸度」這類描述的話，就代表這款酒有綿長的餘韻。相反地，若使用的是「澀感屬於強勁乾縮」或「酸味清爽」（酒體單薄）這類描述的話，就歸為這是一款餘韻偏短的酒。

　　儘管一開始可能會顯得過於概略，但是卻不妨先訂出簡單的基礎設定，然後逐漸增加這些模式，隨著模式愈趨豐富，也代表品飲經驗愈趨多元。與其努力增加品飲的品項，不如試著用不同的語彙來表現同一款酒，做出不同的評析，也會是很好的練習。

餘韻，指的是酒精的份量感和均衡度，以及澀感程度。不妨先設定屬於自己的基準模式，一切從這裡開始。

品飲基本
動作

外觀

香氣

口感

後記
等在訓練終點的，是「共感」的喜悅

石田 本書中一再強調要「用腦品酒」，這是因為就算沒有特別敏銳的嗅覺和味覺，一樣可以提升自己的品飲能力。而我們也在書中闡明，品飲不只是要靠經驗和感覺，還必須依循各個基本動作，才能確實用腦來品酒。

中本 我認為就算先天沒有特別敏銳的嗅覺和味覺，但是每個人都可以透過用腦品飲，來提升自己的品飲能力，這也是我們希望務必讓大家理解的重點。例如，有些人可能因為對花粉過敏，而無法很精確地嗅聞香氣。那難道失去嗅覺就無法品飲了嗎，當然不是，就算嗅覺不行，還能用視覺和味覺，以及用腦整理分析資訊來彌補不足。我輩侍酒師們，更是以專業克服了這點。因此，或許各位當中，有些人認為自己就是不擅長品飲，甚至因此而感到自卑，但實際上這些都是無謂的煩惱，因為我們就是希望告訴大家，只要用腦來品酒，任誰都可以大幅地提升自己的品飲能力，也才因此催生了「用腦品酒」這句話。

石田 「用腦品酒」真的是中本先生的名言呢。當然，隨著品飲能力的逐步提升，也能帶來更多的樂趣呢！

中本 正所謂知的喜悅。不只求知慾得到滿足，還因為用腦去分析，甚至能發現無意識地嗅聞時沒去注意到的香氣，特別開心。

石田　除此之外，還因為能用語言表達給他人理解，讓別人也感受到這份喜悅，於是得以產生共鳴，這也帶來很大的樂趣。這就像是和曾經一起努力過的夥伴之間的共鳴那樣。此外身為侍酒師，我們也很幸運地，有許多和生產者見面的機會，如此一來，當品飲能力受到他們肯定時，也很令人欣慰。

中本　也就是說，隨著品飲能力的提升，也能培養「表達能力」。

石田　愈是經嚴格的鍛鍊，愈能從中感受到種種樂趣。也衷心希望能將我們所感受到的這份喜悅和各位分享，願大家能在品飲練習的路上努力精進。

中本　衷心希望各位能夠理解，在訓練的最終，等待大家的其實是種種的喜悅。特以此為後記，感謝各位讀到最後。

一般社團法人日本侍酒師協會

日本侍酒師協會的前身，是創立於 1969 年的飲料販賣促進研究會（B.M.R.G.）。於 1976 年改稱日本侍酒師協會，1985 年更名為社團法人日本侍酒師協會，並於翌年 1986 年加盟國際侍酒師協會（A.S.I.）。2012 年更名為一般社團法人日本侍酒師協會。

日本侍酒師協會的活動目的分別為下列幾點：

① 提升侍酒師素質暨社會地位
② 普及以葡萄酒為主的各種飲料相關的正確知識、提升服務技能
③ 振興飲食業界暨普及以葡萄酒為主的各種飲料
④ 促進食品衛生，為促進健康和改善公共衛生做出貢獻

為達成上述目的，開展活動如下：

▶為葡萄酒從業人員舉辦各種專門知識和職業養成的資格檢定
▶舉辦各種以培育侍酒師、提升會員素質為目的的講習、研討和競賽活動
▶舉辦各種培育葡萄酒愛好者的資格檢定
▶舉辦各種以葡萄酒為主的飲食相關推廣活動
▶希望能透過上述活動及目標，對發展日本飲食文化、普及葡萄酒文化做出貢獻。

目前包含侍酒師、葡萄酒顧問、葡萄酒專家、一般葡萄酒愛好者等在內，約有會員人數一萬名，以累積 46 年來的深厚專業基礎，致力於日本的葡萄酒推廣。

詳情請見 http://www.sommelier.jp

本協會為透過資格認證，達到提升社會地位和職業認知度，因此為了保護特定資格名稱，特註冊有以下商標。

J.S.A. 侍酒師

J.S.A. 資深侍酒師

J.S.A. 葡萄酒顧問

J.S.A. 資深葡萄酒顧問

J.S.A. 葡萄酒專家

J.S.A. 資深葡萄酒專家

J.S.A. 葡萄酒檢定銅級

J.S.A. 葡萄酒檢定銀級

以上八種，為本協會獨自認定的資格名稱。

要不要來挑戰葡萄酒檢定考？

何謂葡萄酒檢定考？

這是由一般社團法人日本侍酒師協會所舉辦，針對葡萄酒愛好者的檢定考試。

考試分為兩種，分別是屬於基礎內容的「葡萄酒檢定銅級」，以及專為想要更深入的愛好者所準備的「葡萄酒檢定銀級」，只要年滿20歲，任何人都能參加。

此檢定考由具有「葡萄酒專家」資格者擔任講師。

考試如何舉行

檢定考當天，會在考試前設有研討會。只要充分理解研討會的內容，應該都能從容應答檢定考試。

在「葡萄酒檢定銅級」，能學到有助於在一般日常品飲帶來更大樂趣的基礎知識；

在「葡萄酒檢定銀級」，則是針對已獲得銅級資格者，提供能和餐廳侍酒師對話、在葡萄酒專賣店接受葡萄酒顧問建議，以選擇符合個人口感偏好葡萄酒的相關知識。

凡檢定合格者，日本侍酒師協會均會授予徽章和認定卡。

申請方法

詳情請洽「葡萄酒檢定考」官方網頁

http://winekentei.com

用腦品酒

葡萄酒「品」什麼？頂尖侍酒師精心設計，給飲者的感官基礎必修課，
由外而內整合你的「品飲腦」！

テイスティングは脳でする

作　　　者	——	中本聰文、石田博
繪　　　者	——	平田利之
譯　　　者	——	陳匡民

總 編 輯	——	王秀婷
責 任 編 輯	——	郭羽漫
行 銷 業 務	——	黃明雪、林佳穎
版　　　權	——	徐昉驊

發 行 人	——	凃玉雲
出　　版	——	積木文化

104 台北市民生東路二段 141 號 5 樓
電話：(02)2500-7696　傳真：(02)2500-1953
官方部落格：http://cubepress.com.tw
讀者服務信箱：service_cube@hmg.com.tw

發　　　行 —— 英屬蓋曼群島商家庭傳媒股份有限公司城邦分公司
台北市民生東路二段 141 號 2 樓
讀者服務專線：(02)25007718-9
24 小時傳真專線：(02)25001990-1
服務時間：週一至週五 09:30-12:00、13:30-17:00
郵撥：19863813　戶名：書虫股份有限公司
網站　城邦讀書花園｜網址：www.cite.com.tw

香港發行所 —— 城邦（香港）出版集團有限公司
香港灣仔駱克道 193 號東超商業中心 1 樓
電話：+852-25086231　傳真：+852-25789337
電子信箱：hkcite@biznetvigator.com

新馬發行所 —— 城邦（馬新）出版集團 Cite (M) Sdn Bhd
41, Jalan Radin Anum, Bandar Baru Sri Petaling, 57000 Kuala Lumpur, Malaysia.
電話：(603) 90578822　傳真：(603) 90576622
電子信箱：cite@cite.com.my

封 面 設 計	——	郭家振
內 頁 排 版	——	薛美惠
製 版 印 刷	——	上晴彩色印刷製版有限公司
初 版 一 刷	——	2022 年 3 月 3 日

城邦讀書花園
www.cite.com.tw

TASTING HA NOU DE SURU
Copyright © 2015 Japan Sommelier Association
All rights reserved.
Originally published in Japan in 2015 by Japan Sommelier Association
Traditional Chinese translation rights arranged with Japan Sommelier Association through AMANN CO., LTD.
Complex Chinese translation copyright © 2022 by Cube Press, a division of Cite Publishing Ltd.

【印刷版】
2022 年 3 月 3 日　初版一刷
售　價／NT$ 480
ISBN　978-986-459-379-8
Printed in Taiwan.

【電子版】
2022 年 3 月
ISBN　978-986-459-381-1（EPUB）
版權所有‧翻印必究

國家圖書館出版品預行編目 (CIP) 資料

用腦品酒：葡萄酒「品」什麼？頂尖侍酒師精心設計，給飲者的感官
基礎必修課，由外而內整合你的「品飲腦」！／中本聰文作；石田博作；
平田利之繪；陳匡民譯.
-- 初版 .-- 臺北市：積木文化出版：英屬蓋曼群島商家庭傳媒股份有
限公司城邦分公司發行, 2022.03
面；　公分
譯自：テイスティングは　でする：我流では上達しない！：正しいト
レーニングでテイスティング力を向上させよう
ISBN 978-986-459-379-8（平裝）

1.CST: 葡萄酒 2.CST: 品酒

463.814　　　　　　　　　　　　　110021888